맞춤형화장품 조제관리사
제1회 모의고사

성명		수험번호										120분

응시자 주의사항	• 시험 도중 포기하거나 답안지를 제출하지 않은 응시자는 시험 무효 처리됩니다. • 시험 시간 중에는 화장실에 갈 수 없고 종료 시까지 퇴실할 수 없으므로 과다한 수분 섭취를 자제하는 등 건강 관리에 유의하시기 바랍니다. • 응시자는 감독위원의 지시에 따라야 하며, 부정한 행위를 한 응시자에게는 해당 시험을 무효로 하고, 이미 합격한 자의 경우 「화장품법」 제3조의4에 따라 자격이 취소되고 처분일로부터 3년간 시험에 응시할 수 없습니다. • 답안지는 문제번호가 1번부터 100번까지 양면으로 인쇄되어 있습니다. 답안 작성 시에는 반드시 시험문제지의 문제번호와 동일한 번호에 작성하여야 합니다. • 선다형 답안 마킹은 반드시 컴퓨터용 사인펜으로 작성하여야 합니다. 답안 수정이 필요할 경우 감독관에게 답안지 교체를 요청해야 하며, 수정테이프(액) 등을 사용했을 경우 채점상의 불이익을 받을 수 있으므로 사용하지 마시기 바랍니다. • 올바른 답안 마킹방법 및 주의사항 – 매 문항마다 반드시 하나의 답만을 골라 그 숫자에 "●"로 정확하게 표기하여야 하며, 이를 준수하지 않아 발생하는 불이익(득점 불인정 등)은 응시자 본인이 감수해야 함 – 답안 마킹이 흐리거나, 답란을 전부 채우지 않고 작게 점만 찍어 마킹할 경우 OMR 판독이 되지 않을 수 있으니 유의하여야 함 ㉮ 올바른 표기: ● / 잘못된 표기: ⊙ ⊗ ⊖ ◍ ◎ ⦸ Ⓥ ◌ – 두 개 이상의 답을 마킹한 경우 오답처리 됨 • 단답형 답안 작성은 반드시 검정색 볼펜으로 작성하여야 합니다. 답안 정정 시에는 반드시 정정부분을 두 줄(=)로 긋고 해당 답안 칸에 다시 기재하여야 하며, 수정테이프(액) 등을 사용했을 경우 채점상의 불이익을 받을 수 있으므로 사용하지 마시기 바랍니다. • 문항별 배점은 시험당일 문제에 표기하여 공개됩니다. • 시험 문제 및 답안은 비공개이며, 이에 따라 시험 당일 문제지 반출이 불가합니다. • 본인이 작성한 답안지를 열람하고 싶은 응시자는 합격일 이후 별도 공지사항을 참고하시기 바랍니다.

제1회 맞춤형화장품 조제관리사 모의고사

성명		수험번호		120분

선다형

1. 다음 중 「화장품법」 제2조에 따른 각 용어의 정의로 옳은 것은?
   ① "안전용기·포장"이란 만 7세 미만의 어린이가 개봉하기 어렵게 설계·고안된 용기나 포장을 말한다.
   ② "2차 포장"이란 1차 포장을 제외한 1개 또는 그 이상의 포장과 보호재 및 표시의 목적으로 한 포장(첨부문서 제외)을 말한다.
   ③ "화장품책임판매업"이란 취급하는 화장품의 품질 및 안전 등을 관리하면서 이를 유통·판매하거나 수입대행형 거래를 목적으로 알선·수여(授與)하는 영업을 말한다.
   ④ "유기농화장품"이란 유기농 원료, 동식물 및 그 유래 원료 등을 함유한 화장품으로서 해당 지자체별 시장·군수·구정창이 정하는 세부 기준에 맞는 화장품을 말한다.
   ⑤ "화장품"이란 인체를 미화하여 매력을 더하고 용모를 청결히 하거나 피부·모발 또는 구강의 건강을 유지 또는 증진하기 위하여 인체에 바르고 문지르거나 뿌리는 물품으로서 인체에 대한 작용이 경미한 것을 말한다.

2. 다음 중 화장품의 유형별 특성이 올바르게 연결된 것은?
   ① 마스카라 – 눈 화장용 제품류
   ② 데오도런트 – 체모 제거용 제품류
   ③ 메이크업 베이스 – 기초화장용 제품류
   ④ 수렴·유연·영양 화장수 – 목욕용 제품류
   ⑤ 향수 – 체취 방지용 제품류

3. 화장품책임판매업자는 「화장품법」 제3조 제3항에 따라 책임판매관리자를 두어야 한다. 〈보기〉 중 책임판매관리자의 자격기준에 적합한 사람만을 모두 고른 것은?

<보기>

ㄱ. 식품의약품안전처장이 정하여 고시하는 전문교육과정을 이수한 사람
ㄴ. 그 밖에 화장품 제조 또는 품질관리 업무에 2년 이상 종사한 경력이 있는 사람
ㄷ. 맞춤형화장품 조제관리사 자격시험에 합격한 사람으로서 화장품 제조 또는 품질관리 업무에 6개월 이상 종사한 경력이 있는 사람
ㄹ. 4년제 대학교에서 학사 이상의 학위를 취득한 사람으로서 이공계 학과 또는 향장학·화장품과학·한의학·한약학과 등을 전공한 사람
ㅁ. 전문대학교에서 간호학과, 간호과학과, 건강간호학과를 전공하고 화학·생물학·생명과학·유전학·유전공학·향장학·화장품과학·의학·약학 등 관련 과목을 20학점 이상 이수한 사람

① ㄱ, ㄴ, ㄹ　② ㄱ, ㄴ, ㅁ
③ ㄴ, ㄷ, ㄹ　④ ㄴ, ㄹ, ㅁ
⑤ ㄷ, ㄹ, ㅁ

4. **다음 중 「화장품 안전성 정보관리 규정」에 따른 설명으로 옳은 것은?**

① 안전성 정보의 정기보고는 식품의약품안전처장에게 구두로 보고하거나 식품의약품안전처 홈페이지를 통해 보고할 수 있다.

② 화장품책임판매업자 및 맞춤형화장품판매업자는 신속보고되지 아니한 화장품의 안전성 정보를 매년 3월 마지막 날까지 식품의약품안전처장에게 보고하여야 한다.

③ "유해사례(Adverse Event/Adverse Experience, AE)"란 화장품의 사용 중 발생한 바람직하지 않고 의도되지 아니한 징후, 증상 또는 질병을 말하며, 당해 화장품과 반드시 인과관계를 가져야 한다.

④ "실마리 정보(Signal)"란 유해사례와 화장품 간의 인과관계 가능성이 있다고 보고된 정보로서 그 인과관계가 흔히 알려져 있거나 입증자료가 충분하여 입증된 것을 말한다.

⑤ 화장품책임판매업자 및 맞춤형화장품판매업자는 중대한 유해사례를 알게 된 때 그 정보를 알게 된 날로부터 15일 이내에 식품의약품안전처장에게 신속히 보고하여야 한다.

5. **맞춤형화장품판매업자가 맞춤형화장품판매업소를 폐업하고자 할 때, 「개인정보 보호법」 제21조 개인정보의 파기 방침을 준수하여 실시한 행동으로 적절하지 <u>않은</u> 것은?**

① 맞춤형화장품판매업자는 고객의 개인정보 파일을 전용 소자장비를 이용하여 삭제할 수 있다.

② 맞춤형화장품판매업자는 보유기간이 경과되거나 처리 목적이 달성된 경우 개인정보를 파기하여야 한다.

③ 개인정보처리자는 개인정보의 일부만을 파기하는 경우 해당 부분을 마스킹, 천공 등으로 삭제할 수 있다.

④ 개인정보처리자는 고객의 이름, 전화번호, 주소 등이 인쇄되어 있는 종이를 따로 분리하여 배출하여야 한다.

⑤ 맞춤형화장품판매업자는 맞춤형화장품 폐업신고서와 세무서에 제출할 폐업신고서를 지방식품의약품안전청장에게 함께 제출하여야 한다.

6. **다음 중 맞춤형화장품 조제관리사의 결격사유에 해당하지 않는 사람만을 <u>모두</u> 고른 것은?**

ㄱ. 「정신건강증진 및 정신질환자 복지서비스 지원에 관한 법률」에 따른 정신질환자
ㄴ. 피성년후견인
ㄷ. 「마약류 관리에 관한 법률」에 따른 마약류의 중독자
ㄹ. 「화장품법」 또는 「보건범죄 단속에 관한 특별조치법」을 위반하여 금고 이상의 형을 선고받고 그 집행을 받지 아니하기로 확정된 자
ㅁ. 맞춤형화장품 조제관리사의 자격이 취소된 날부터 3년이 지난 자

① ㄱ, ㄴ ② ㄱ, ㄷ
③ ㄴ, ㄷ ④ ㄴ, ㄹ
⑤ ㄹ, ㅁ

7. 다음은 「화장품법 시행규칙」 [별표 7]의 행정처분 기준을 설명하기 위한 사례이다. 1차 위반의 경우라고 가정했을 때, ㉠과 ㉡에 들어갈 행정처분이 올바르게 짝지어진 것은?

> • A 회사는 맞춤형화장품판매업소의 소재지가 서울에서 대전으로 변경된 지 3개월이 지났음에도 불구하고 맞춤형화장품판매업소의 소재지를 변경하지 않았다. → (㉠)
> • B 회사는 책임판매관리자가 퇴사한 이후 따로 책임판매관리자를 두지 않고 업무를 지속했다. → (㉡)

	㉠	㉡
①	시정명령	시정명령
②	경고	판매업무정지 1개월
③	판매업무정지 1개월	판매업무정지 1개월
④	판매업무정지 1개월	판매업무정지 2개월
⑤	영업소 폐쇄	등록 취소

8. 다음 중 화장품에 사용되는 원료의 특성에 대한 설명으로 옳은 것은?

① 계면활성제는 수분의 증발을 억제하고 사용 감촉을 향상시키는 목적으로 사용된다.
② 고분자화합물은 제품의 점성을 높이고 사용감을 개선시키며 피막을 형성하기 위해 사용된다.
③ 유성원료는 피부의 홍반, 그을림, 흑화 등을 완화하는 데 도움을 주며 화장품 내용물 변화를 방어하는 목적으로 사용된다.
④ 금속이온봉쇄제는 계면의 성질이 달라 섞이지 않는 두 물질에 작용하여 화장품의 안정성에 도움을 주는 물질이다.
⑤ 자외선 차단제는 화장품에 배합하여 색을 나타나게 하거나 피복력을 부여하고 자외선을 방어하는 성분으로 사용된다.

9. 다음 중 「화장품법 시행규칙」 제18조에 따른 안전용기·포장 대상 품목 및 기준에 해당하는 것은?

① 운동점도가 25센티스톡스 이상인 헤어 왁스
② 아세톤을 포함하는 일회용 네일 폴리시 리무버
③ 티트리추출물이 함유된 에어로졸 스킨 미스트
④ 미네랄 오일을 20% 이상으로 함유하는 안티에이징 페이스 오일
⑤ 개별 포장당 탄화수소류가 5% 이하로 함유되어 있는 어린이용 오일

10. 다음은 분산제의 개념 및 사용 목적에 대한 설명 중 일부이다. ㉠~㉣에 들어갈 용어가 올바르게 짝지어진 것은?

> • 분산제의 정의
> 안료를 (㉠)시키는 목적으로 사용되는 계면활성제
> • 분산의 목적
> –분산(dispersion)이란 넓은 의미로 분산매가 분산상에 퍼져있는 현상을 말함. (㉡)가 액체 속에 분산된 경우를 유화(emulsion)라 하며 (㉢)가 액체 속에 분산된 경우를 거품(foam)이라 함
> –좁은 의미의 분산은 (㉣)가 액체 속에 퍼져 있는 현상에 국한하여 사용됨

	㉠	㉡	㉢	㉣
①	유화	기체	반고체	액체
②	유화	액체	기체	고체
③	분산	기체	반고체	액체
④	분산	액체	기체	고체
⑤	분산	고체	기체	액체

11. 다음은 화장품의 품질 요소에 대한 설명이다. 밑줄 친 ㉠~㉢에 해당하는 용어가 올바르게 짝지어진 것은?

> 화장품은 ㉠ 소비자가 일상적으로 오랜 기간 동안 사용하는 것이므로 피부·신체에 대한 안전을 보장해야 하며, ㉡ 사용기간 동안 화장품의 내용물은 다양한 물리적·화학적 조건에서 변화 등이 없이 일정한 상태를 유지해야 한다. 또한 ㉢ 화장품은 해당 화장품의 목적에 적합하도록 물리적·화학적·생물학적·심리적으로 직·간접적인 효과를 가지고 있어야 한다.

	㉠	㉡	㉢
①	안전성	사용성	안정성
②	안전성	안정성	유효성
③	안전성	사용성	유효성
④	안정성	유효성	사용성
⑤	안정성	안전성	사용성

12. 다음은 「화장품의 안전기준 등에 관한 규정」 [별표 1]의 일부이다. ㉠~㉢에 들어갈 숫자를 차례로 나열한 것은?

> [별표 1] 사용할 수 없는 원료
> - 과산화물가가 (㉠)mmol/L을 초과하는 d－리모넨
> - 카테콜(피토카테콜)(다만, 산화염모제에서 용법·용량에 따른 혼합물의 염모성분으로서 (㉡)% 이하는 제외)
> - 에스텔의 유리알릴알코올농도가 (㉢)%를 초과하는 알릴에스텔류

	㉠	㉡	㉢
①	10	1	0.01
②	10	1.5	0.1
③	20	1	0.01
④	20	1.5	0.1
⑤	40	1	0.01

13. 다음은 「화장품 사용할 때의 주의사항 및 알레르기 유발성분 표시에 관한 규정」에 따른 착향제에 대한 설명이다. ㉠, ㉡에 들어갈 숫자가 올바르게 짝지어진 것은?

> 착향제의 구성 성분 중 알레르기 유발성분의 함량이 사용 후 씻어내는 제품에서 (㉠)% 이하, 사용 후 씻어내지 않는 제품에서 (㉡)% 이하인 경우에 한하여 해당 성분의 명칭을 기재하지 않아도 된다.

	㉠	㉡
①	0.01	0.001
②	0.001	0.01
③	0.1	0.01
④	0.01	1
⑤	0.1	0.1

14. 화장품 제조에 사용된 성분의 표시기준 및 표시방법으로 옳은 것은?

① 착향제 또는 착색제는 함량이 많은 것부터 기재·표시한다.
② 혼합원료는 혼합된 개별 성분의 명칭을 기재·표시할 수 없다.
③ 산성도(pH) 조절 목적으로 사용되는 성분은 중화 반응에 따른 생성물로 표시할 수 있다.
④ 착향제의 구성 성분 중 고시된 알레르기 유발성분이 있는 경우에는 향료로 기재·표시해야 한다.
⑤ 비누화 반응을 거치는 성분은 비누화 반응에 따른 생성물로 기재·표시할 수 없고 그 성분을 기재·표시해야 한다.

15. 다음과 같은 주의사항을 반드시 표시해야 하는 제품으로 옳은 것은?

> 화장품 사용 시 주의사항
> • 눈, 코 또는 입 등에 닿지 않도록 주의하여 사용할 것
> • 프로필렌 글리콜을 함유하고 있으므로 이 성분에 과민하거나 알레르기 병력이 있는 사람은 신중히 사용할 것(프로필렌 글리콜 함유제품만 표시한다)

① 외음부 세정제
② 두발용, 두발염색용 제품류
③ 우레아를 포함하는 핸드크림 및 풋크림
④ 치오글라이콜릭애씨드를 함유한 제모제
⑤ 퍼머넌트 웨이브 제품 및 헤어 스트레이트너 제품

16. 「화장품 사용할 때의 주의사항 및 알레르기 유발성분 표시에 관한 규정」에 따라 〈보기〉의 주의사항 표시 문구를 기재해야 하는 제품만으로 나열된 것은?

> <보기>
> 눈에 접촉을 피하고 눈에 들어갔을 때 즉시 씻어낼 것

① 카민 함유 제품, 알부틴 2% 이상 함유 제품
② 알부틴 2% 이상 함유 제품, 코치닐추출물 함유 제품
③ 스테아린산아연 함유 제품, 벤잘코늄브로마이드 함유 제품
④ 살리실릭애씨드 함유 제품, 벤잘코늄클로라이드 함유 제품
⑤ 과산화수소 생성물질 함유 제품, 실버나이트레이트 함유 제품

17. 다음은 「화장품법 시행규칙」에 따른 화장품의 사용상 주의사항 중 모든 화장품에 적용되는 공통사항에 대한 내용이다. ㉠~㉢에 들어갈 단어가 올바르게 나열된 것은?

> 화장품 사용 시 또는 사용 후 (㉠)에 의하여 사용 부위에 붉은 반점, 부어오름 또는 가려움증 등의 이상 증상이나 (㉡)이 있는 경우 (㉢) 등과 상담할 것

	㉠	㉡	㉢
①	직사광선	부작용	전문의
②	자외선	부작용	전문의
③	직사광선	부작용	의사
④	자외선	유해사례	의사
⑤	직사광선	유해사례	의사

18. 다음은 알부틴 크림제의 개별 기준 및 시험방법에 대한 사항이다. 빈칸에 공통으로 들어갈 성분명으로 가장 적합한 것은?

> 알부틴 크림제 약 1g을 정밀하게 달아 이동상을 넣어 분산시킨 다음 10mL로 하고 필요하면 여과하여 검액으로 한다. 따로 (　　　) 표준품($C_6H_6O_2$) 약 10mg을 정밀하게 달아 이동상을 넣어 녹여 100mL로 한 액 1mL를 정확하게 취한 후, 이동상을 넣어 정확하게 1,000mL로 한 액을 표준액으로 한다. 검액 및 표준액 각 20μL씩을 가지고 조작조건에 따라 액체크로마토그래프법으로 시험할 때 검액의 (　　　) 피크는 표준액의 (　　　) 피크보다 크지 않다(1ppm).

① 알코올　② 메탄올
③ 히드로퀴논　④ 알파 − 비사보롤
⑤ 나이아신아마이드

19. 다음 중 사용상의 제한이 있는 원료가 <u>아닌</u> 것은?

① 색조 화장을 위한 색소
② 머리색을 변화시키는 염모제 성분
③ 자외선을 차단하는 자외선 차단 성분
④ 미생물의 성장을 억제하는 보존제 성분
⑤ 주름 개선에 도움을 주는 기능성화장품 고시 성분

20. 다음 중 크림, 로션, 영양액 등의 친수형(O/W) 유화제로 사용되는 HLB값의 범위로 가장 적합한 것은?

① 1~3
② 4~6
③ 7~9
④ 8~16
⑤ 15~18

21. 알파 - 하이드록시애시드(AHA) 성분이 10% 함유된 제품의 포장에 표시해야 할 화장품 사용 시의 주의사항을 〈보기〉에서 <u>모두</u> 고른 것은? (단, 제품의 pH는 4이다)

<보기>

ㄱ. 눈 주위를 피하여 사용할 것
ㄴ. 상처가 있는 부위 등에는 사용을 자제할 것
ㄷ. 일부에 시험 사용하여 피부이상을 확인할 것
ㄹ. 햇빛에 대한 피부의 감수성을 증가시킬 수 있으므로 자외선 차단제를 함께 사용할 것
ㅁ. 고농도의 AHA 성분이 들어있어 부작용이 발생할 우려가 있으므로 전문의 등에게 상담할 것

① ㄱ, ㄴ, ㄹ
② ㄱ, ㄴ, ㅁ
③ ㄴ, ㄷ, ㄹ
④ ㄴ, ㄹ, ㅁ
⑤ ㄷ, ㄹ, ㅁ

22. 〈보기〉 중 원료 품질성적서의 인정 기준에 적합한 서류만을 <u>모두</u> 고른 것은?

<보기>

ㄱ. 제조업자의 원료에 대한 자가품질검사 성적서
ㄴ. 제조업자의 원료에 대한 민간검사기관 성적서
ㄷ. 책임판매업자의 원료에 대한 1차 포장지시서
ㄹ. 원료업체의 원료에 대한 공인검사기관 성적서
ㅁ. 원료업체의 원료에 대한 자가품질검사 시험성적서 중 대한화장품협회의 '원료공급자의 검사결과 신뢰 기준 자율규약' 기준과 상이한 것

① ㄱ, ㄷ
② ㄱ, ㄹ
③ ㄴ, ㄷ
④ ㄴ, ㄹ
⑤ ㄹ, ㅁ

23. 「화장품 안전기준 등에 관한 규정」 [별표 2]에 따라 화장품에 사용상의 제한이 필요한 원료와 그 사용 한도가 올바르게 짝지어진 것은?

① 글루타랄(펜탄 - 1,5 - 디알) - 0.01%
② 2, 4-디클로로벤질알코올 - 0.15%
③ 무기설파이트 및 하이드로젠설파이트류 - 유리 SO_2로 0.5%
④ 벤조익애씨드, 그 염류 및 에스텔류 - 산으로서 0.1%
⑤ 소르빅애씨드 및 그 염류 - 소르빅애씨드로서 0.1%

24. 다음 〈성분표〉는 맞춤형화장품 조제관리사 미선이 고객의 요청에 따라 조제한 수분크림 성분표의 일부이다. 성분표의 착향제 구성 성분 중 「화장품 사용할 때의 주의사항 및 알레르기 유발성분 표시에 관한 규정」 [별표 2]에 따라 해당 성분의 명칭을 기재·표시하여야 하는 알레르기 유발 성분의 총 개수로 옳은 것은? (단, 착향제는 0.001%를 초과하여 함유되어 있다)

<성분표>

정제수, 글리세린, (…), 카프릴릭/카프릭트라이글리세라이드, 다이프로필렌글라이콜, 1,2 – 헥산다이올, 시어버터, 녹차추출물, 카보머, 소듐하이알루로네이트, 소듐클로라이드, 유제놀, 목화씨추출물, 베타인, 글리세릴글루코사이드, 토코페릴아세테이트, 폴리쿼터늄 – 51, 소듐시트레이트, 카프릴하이드록사믹애씨드, 디소듐이디티에이, 페녹시에탄올, 아밀신남알, 시트로넬올

① 0개
② 1개
③ 2개
④ 3개
⑤ 4개

25. 다음 중 「화장품의 안전기준 등에 관한 규정」 [별표 1] 사용할 수 없는 원료에 대한 실제 주요 사례로 적절하지 <u>않은</u> 것은?

① 자체 위해평가 결과 안전역이 확보되지 않은 '니트로메탄'의 사용 금지
② 자체 위해평가 결과 안전역이 확보되지 않은 '페닐살리실레이트'의 사용 금지
③ 자체 위해평가 결과 안전역이 확보되지 않은 '클로로아세타마이드'의 사용 금지
④ 자체 안전성평가를 반영한 '메칠렌글라이콜'의 사용 금지
⑤ 자체 안전성평가를 반영한 '메텐아민'의 사용 금지

26. 다음 중 자외선 흡수제의 성분명과 최대 함량이 올바르게 짝지어진 것은?

	자외선 차단 성분	최대 함량
①	시녹세이트	5%
②	에칠헥실트리아존	15%
③	옥토크릴렌	5%
④	티타늄디옥사이드	25%
⑤	드로메트리졸트리실록산	25%

27. 다음 〈대화〉는 화장품책임판매업자 양선과 미선이 나눈 대화의 일부이다. 두 사람의 대화 중 현행 「화장품법 시행규칙」과 일치하지 <u>않는</u> 것은?

<대화>

양선: ㉠ <u>작년부터 판매하던 바디 미스트가 회수 대상 화장품이라는 것을 어제 알게 되어 즉시 판매중지를 요청해두었어요.</u>
미선: 저런... 회수 절차는 잘 진행되고 있나요?
양선: ㉡ <u>내일 회수계획서에 제조기록서 사본, 판매처별 판매량 및 판매일 등의 기록, 회수 사유를 적은 서류를 함께 첨부하여 지방식품의약품안전청장에게 제출하려고 해요.</u> ㉢ <u>문제가 된 화장품은 위해성 등급이 가 등급이라, 회수 기간은 회수를 시작한 날로부터 20일 이내라고 하네요.</u> 생각보다 기간이 촉박해서 놀랐어요.
미선: ㉣ <u>지방식품의약품안전청장에게 사유를 밝히면 회수 기간을 연장해달라고 요청할 수 있다고 하네요.</u> 상황이 여의치 않으면 참고하세요.
양선: 기간 연장 관련해서는 한번 알아봐야겠어요. 그래도 다행히 ㉤ <u>회수 계획량의 80% 이상을 회수하면 행정처분이 면제된다고 하네요.</u>

① ㉠
② ㉡
③ ㉢
④ ㉣
⑤ ㉤

28. **다음 중 작업실에 따른 청정공기 순환과 관리기준이 올바르게 짝지어진 것은?**

	작업실	청정공기 순환	관리기준
①	Clesn bench	10회/hr 이상	낙하균 10개/hr 또는 부유균 20개/m^3
②	성형실	차압 관리	낙하균 30개/hr 또는 부유균 200개/m^3
③	내용물 보관소	환기장치	낙하균 10개/hr 또는 부유균 20개/m^3
④	원료 칭량실	환기장치	낙하균 10개/hr 또는 부유균 20개/m^3
⑤	포장실	10회/hr 이상	갱의, 포장재의 외부 청소 후 반입

29. **다음 〈보기〉의 포장 재질 중 천연화장품 및 유기농화장품의 용기와 포장에 사용할 수 없는 것을 모두 고른 것은?**

<보기>

ㄱ. ABS수지
ㄴ. 폴리염화비닐(PVC)
ㄷ. 저밀도 폴리에틸렌(LDPE)
ㄹ. 폴리스티렌폼
ㅁ. 소다 석회 유리
ㅂ. 폴리스티렌(PS)

① ㄱ, ㄴ
② ㄱ, ㄷ
③ ㄴ, ㄷ
④ ㄴ, ㄹ
⑤ ㅁ, ㅂ

30. **다음은 「화장품 안전기준 등에 관한 규정」의 일부이다. ㉠, ㉡에 들어갈 단어가 순서대로 나열된 것은?**

제6조(유통화장품의 안전관리 기준)
(…)
② 화장품을 제조하면서 다음 각 호의 물질을 (㉠)으로 첨가하지 않았으나, 제조 또는 보관 과정 중 포장재로부터 이행되는 등 (㉡)으로 유래된 사실이 객관적인 자료로 확인되고 기술적으로 완전한 제거가 불가능한 경우 해당 물질의 검출 허용 한도는 다음과 같다.
(…)

	㉠	㉡
①	정량적	정성적
②	시험적	정상적
③	정상적	비정상적
④	비의도적	인위적
⑤	인위적	비의도적

31. **다음 중 작업장 위생관리를 위한 작업소 방충·방서 대책으로 가장 적합하지 않은 것은?**

① 창문을 제외한 벽, 천장, 파이프 구멍에 틈이 없도록 한다.
② 공기조화장치를 통해 실내압을 실외보다 높게 유지한다.
③ 창문은 차광하고 야간에 빛이 밖으로 새어나가지 않게 한다.
④ 벌레의 집이 되는 골판지, 나무 부스러기를 방치해두지 않는다.
⑤ 배기구, 흡기구에는 필터를, 폐수구에는 트랩을, 문 하부에는 스커트를 설치한다.

32. 다음 〈보기〉에서 설명하고 있는 것의 명칭으로 가장 적합한 것은?

<보기>

- 각 뱃치를 대표하는 검체를 제품이 가장 안정한 조건에서 보관한다.
- 일반적으로는 각 뱃치별로 제품 시험을 2번 실시할 수 있는 양을 보관한다.
- 제품의 사용 중에 발생할지도 모르는 재검토 작업에 대비한다.
- 사용기한 경과 후 1년간 또는 개봉 후 사용기간을 기재하는 경우에는 제조일로부터 3년간 보관한다.

① 뱃치
② 벌크제품
③ 포장재
④ 제품 시험용 검체
⑤ 완제품 보관용 검체

33. 다음은 「우수화장품 제조 및 품질관리기준(CGMP)」의 일부이다. ㉠~㉢에 들어갈 단어가 순서대로 나열된 것은?

제11조(입고관리)
① 제조업자는 원자재 공급자에 대한 관리감독을 적절히 수행하여 입고관리가 철저히 이루어지도록 하여야 한다.
② 원자재의 입고 시 (㉠), 원자재 공급업체 (㉡) 및 현품이 서로 일치하여야 하며, 필요한 경우 운송 관련 자료를 추가적으로 확인할 수 있다.
③ 원자재 용기에 제조번호가 없는 경우에는 (㉢)를 부여하여 보관하여야 한다.
④ 원자재 입고절차 중 육안확인 시 물품에 결함이 있을 경우 입고를 보류하고 격리보관 및 폐기하거나 원자재 공급업자에게 반송하여야 한다.

	㉠	㉡	㉢
①	제조기록서	설명서	운송번호
②	성적서	판매내역서	관리번호
③	신고서	제조기록서	운송번호
④	구매요구서	성적서	관리번호
⑤	구매요구서	제품표준서	관리번호

34. 다음 중 「우수화장품 제조 및 품질관리기준」에 따른 직원의 올바른 작업복 착용 및 관리와 가장 거리가 <u>먼</u> 것은?

① 작업 전 복장점검을 하고 적절하지 않을 경우는 시정해야 한다.
② 작업복 등은 목적과 오염도에 따라 세탁하고 필요에 따라 소독한다.
③ 세탁 시 작업복의 훼손 여부를 점검하여 훼손된 작업복은 폐기한다.
④ 작업복은 먼지가 발생하지 않는 무진 재질의 소재는 권장하지 않는다.
⑤ 청정도에 맞는 적절한 작업복, 모자와 신발을 착용하고 필요한 경우는 마스크, 장갑을 착용한다.

35. 다음 〈품질성적서〉는 물휴지의 시험 결과이다. 유통화장품 안전관리 기준을 위반한 항목을 <u>모두</u> 고른 것은?

<품질성적서>

ㄱ. 세균 90개/g
ㄴ. 진균 110개/g
ㄷ. 메탄올 0.2%
ㄹ. 포름알데하이드 500μg/g
ㅁ. 수은 0.1μg/g

① ㄱ
② ㄴ, ㄷ
③ ㄴ, ㄷ, ㄹ
④ ㄷ, ㄹ, ㅁ
⑤ ㄱ, ㄴ, ㄷ, ㄹ, ㅁ

36. 「화장품 안전기준 등에 관한 규정」에 따라 다음 〈보기〉의 화장품 중 총호기성생균수가 600개/g으로 검출될 경우 미생물 허용 한도 기준에 적합하지 않은 것만을 모두 고른 것은?

<보기>

ㄱ. 아이섀도　　ㄴ. 립스틱
ㄷ. 셰이빙 크림　　ㄹ. 영유아용 샴푸
ㅁ. 마스카라

① ㄱ, ㄴ, ㄹ　　② ㄱ, ㄹ, ㅁ
③ ㄴ, ㄷ, ㄹ　　④ ㄴ, ㄹ, ㅁ
⑤ ㄷ, ㄹ, ㅁ

37. 다음은 표기량이 100g인 제품 3개를 가지고 시험했을 때의 결과이다. 표기량에 대한 평균 내용량의 비율과 합격 여부가 올바르게 나열된 것은?

<내용량 시험 결과>

- 제품 a: 95g
- 제품 b: 94g
- 제품 c: 100g

① 99.1%, 합격　　② 98.4%, 합격
③ 97.1%, 합격　　④ 96.3%, 불합격
⑤ 95.9%, 불합격

38. 퍼머넌트웨이브용 및 헤어스트레이트너 제품의 공통 안전관리기준 중 다음의 ㉠~㉢에 들어갈 단어로 옳은 것은?

<공통기준>

- 중금속: (㉠) 이하
- (㉡): 5㎍/g 이하
- 철: (㉢) 이하

	㉠	㉡	㉢
①	5㎍/g	비소	2㎍/g
②	5㎍/g	납	3㎍/g
③	10㎍/g	비소	2㎍/g
④	10㎍/g	납	3㎍/g
⑤	20㎍/g	비소	2㎍/g

39. 다음 중 「우수화장품 제조 및 품질관리기준」에 따른 제품의 재작업에 대한 설명으로 적합하지 않은 것은?

① 재작업 대상이 변질·변패된 경우에는 재작업을 진행할 수 없다.
② 회수·반품된 제품의 재작업 여부는 품질보증 책임자에 의해 승인되어야 한다.
③ 재작업은 제조일로부터 1년이 경과하지 않았거나 사용기한이 1년 이상 남아있는 경우에 가능하다.
④ 재작업 대상이 병원미생물에 오염된 경우에는 책임판매업자의 승인을 받은 이후에 재작업이 가능하다.
⑤ 재작업이란 적합 판정기준을 벗어난 완제품, 벌크제품 또는 반제품을 재처리하여 품질이 적합한 범위에 들어오도록 하는 작업을 말한다.

40. 화장품을 제조하면서 인위적으로 첨가하지 않았으나, 비의도적으로 유래된 사실이 객관적인 자료로 확인되고 기술적으로 완전한 제거가 불가능한 경우 유통화장품의 검출 허용 한도가 〈보기〉와 같은 물질은?

<보기>

눈 화장용 제품	35㎍/g 이하
색조 화장용 제품	30㎍/g 이하
그 밖의 제품	10㎍/g 이하

① 니켈　　② 비소
③ 카드뮴　　④ 디옥산
⑤ 포름알데하이드

41. 설비 세척의 원칙 중 세제를 이용한 세척을 권장하지 않는 이유를 〈보기〉에서 모두 고른 것은?

<보기>

ㄱ. 제품 내에 세제가 잔존하는 경우 제품에 악영향을 미친다.
ㄴ. 세제는 증기로 설비를 세척하는 것보다 경제성이 떨어진다.
ㄷ. 설비의 분해 세척 시 세제를 사용하면 건조·밀폐 보관이 어렵다.
ㄹ. 세제는 물로 설비를 세척하는 것보다 세척의 유효기간 설정이 어렵다.
ㅁ. 세제가 잔존하고 있지 않다는 것을 설명하기 위해서는 고도의 화학 분석이 필요하다.

① ㄱ, ㄷ ② ㄱ, ㄹ
③ ㄱ, ㅁ ④ ㄴ, ㄹ
⑤ ㄴ, ㅁ

42. 다음 중 「맞춤형화장품 조제관리사 교수학습가이드」에 따른 작업장 내 직원의 복장 청결 상태의 기준으로 가장 거리가 먼 것은?

① 작업복은 작업 시 섬유질의 발생이 적고 먼지의 부착성이 적어야 하며 세탁이 용이하여야 한다.
② 청정도에 맞는 적절한 작업복, 모자와 신발을 착용하고 필요할 경우는 마스크, 장갑을 착용한다.
③ 작업복 착용 시 내의가 노출되지 않아야 하며 내의는 단추 및 모털이 서있는 의류를 착용하지 않아야 한다.
④ 작업모는 착용 시 머리카락을 전체적으로 감싸줄 수 있어야 하며 공기 유통이 원활하고, 분진 기타 이물 등이 나오지 않아야 한다.
⑤ 작업화는 가볍고 땀의 흡수 및 방출이 용이하여야 하며 관리자는 등산화 형식의 안전화 및 신발 바닥이 우레탄 코팅이 되어 있는 것을 사용한다.

43. 다음은 「NCS 화장품 제조 학습모듈 위생·안전관리」에 따른 제조 설비·기구 세척 및 소독 관리 표준서의 일부이다. 빈칸에 들어갈 내용으로 옳지 않은 것은?

설비·기구	구분	절차
제조 탱크, 저장 탱크 (일반 제품)	세척 도구	스펀지, 수세미, 솔, 스팀 세척기
	세제 및 소독액	㉠
	세척 및 소독 주기	㉡
	세척 방법	㉢
	소독 방법	㉣
	점검 방법	㉤

① ㉠ 일반 주방 세제(0.5%), 70% 에탄올
② ㉡ 설비 미사용 72시간 경과 후, 밀폐되지 않은 상태로 방치 시
③ ㉢ 상수를 탱크의 90%까지 채우고 60℃로 가온한다.
④ ㉣ 세척된 탱크의 내부 표면 전체에 70% 에탄올이 접촉되도록 고르게 스프레이 한다.
⑤ ㉤ 품질 관리 담당자는 매 분기별로 세척 및 소독 후 마지막 헹굼수를 채취하여 미생물 유무를 시험한다.

44. 다음 중 「맞춤형화장품 조제관리사 교수학습가이드」에 따른 제조설비별 구성요건, 재질 및 특성에 대한 설명으로 옳은 것은?

① 탱크는 다양한 점도의 액체를 한 지점에서 다른 지점으로 이동시키거나 제품을 혼합(재순환 또는 균질화)하기 위해 사용되며 제품에 해로운 영향을 미쳐서는 안 된다.

② 탱크는 용접, 나사, 나사못, 용구 등을 포함하는 설비 부품들 사이에 전기 화학 반응을 최대화하고 재질은 주형 물질이 적합하다.

③ 호스를 작동시키는 사람은 회전하는 샤프트와 잠재적인 위험 요소를 생각하여 안전한 작동 연습을 적절하게 훈련받아야 한다.

④ 파이프의 시스템 설계는 교차오염의 가능성을 최소화하고 생성되는 최저 압력을 우선적으로 고려해야 한다.

⑤ 필요한 무게가 계량되기 위해서는 적절한 칭량 장치를 선택해야 하며, 칭량 장치의 오차 허용도는 칭량에서 허락된 오차 허용도보다 커서는 안 된다.

45. 다음 중 「우수화장품 제조 및 품질관리기준 해설서」의 생산 공정상에 따른 중대한 일탈의 예로 옳은 것은?

① 벌크제품과 제품의 이동·보관에 있어서 보관 상태에 이상이 발생하고 품질에 영향을 미친다고 판단될 경우

② 관리 규정에 의한 관리 항목(생산 시의 관리 대상 파라미터의 설정치 등)에 있어서 설정된 기준치로부터 벗어난 정도가 10% 이하이고 품질에 영향을 미치지 않는 것이 확인되어 있을 경우

③ 제조 공정에 있어서의 원료 투입에 있어서 동일 온도 설정 하에서의 투입 순서에서 벗어났을 경우

④ 필요에 따라 제품 품질을 보증하기 위하여 각 생산 공정 완료에는 시간 설정이 되어 있어야 하나, 그러한 설정된 시간제한에서의 일탈에 대하여 정당한 이유에 의거한 설명이 가능할 경우

⑤ 합격 판정된 오래된 제품 재고부터 차례대로 선입·선출되어야 하나, 이 요건에서의 일탈이 일시적이고 타당하다고 인정될 경우

46. 〈보기〉 중 「우수화장품 제조 및 품질관리기준 해설서」에 따른 원료 및 내용물의 보관관리에 대한 설명으로 옳지 않은 것을 모두 고른 것은?

<보기>

ㄱ. 원료와 포장재가 재포장될 때 새로운 용기에는 원래와 동일한 라벨링이 있어서는 안 된다.

ㄴ. 반제품 용기에는 명칭 또는 확인코드, 제조번호, 완료된 공정명, 필요한 경우에는 보관조건을 표시해야 한다.

ㄷ. 반제품의 최대 보관기한을 설정하여야 하며, 최대 보관기한이 가까워진 반제품은 완제품 제조하기 전에 품질이상, 변질 여부 등을 확인하여야 한다.

ㄹ. 제조된 벌크 제품은 관리 절차에 따라 재보관(Re-stock)되어야 하며 모든 벌크는 불투명하고 빛이 통하지 않는 암갈색 용기에 보관한다.

ㅁ. 완제품의 주기적인 재고 점검은 장기 재고품의 처분 및 선입선출 규칙의 확인을 목적으로 한다.

① ㄱ, ㄴ　② ㄱ, ㄹ　③ ㄴ, ㄷ　④ ㄴ, ㄹ　⑤ ㄷ, ㅁ

47. 다음 〈보기〉는 「우수화장품 제조 및 품질관리기준 해설서」에 따른 기준일탈 제품의 처리 과정이다. 올바른 순서로 나열한 것은?

<보기>

ㄱ. 격리 보관
ㄴ. 기준일탈 조사
ㄷ. 기준일탈의 처리
ㄹ. 시험, 검사, 측정이 틀림없음 확인
ㅁ. 폐기처분 또는 재작업 또는 반품
ㅂ. 기준일탈 제품에 불합격라벨 첨부
ㅅ. 시험, 검사, 측정에서 기준일탈 결과 나옴

① ㄷ → ㄴ → ㅂ → ㅅ → ㄹ → ㄱ → ㅁ
② ㄷ → ㄴ → ㄹ → ㅂ → ㅅ → ㄱ → ㅁ
③ ㅅ → ㄴ → ㄹ → ㄷ → ㅂ → ㄱ → ㅁ
④ ㅅ → ㄴ → ㅂ → ㄷ → ㅁ → ㄱ → ㄹ
⑤ ㅅ → ㄴ → ㄹ → ㄷ → ㅁ → ㅂ → ㄱ

48. 유통화장품 안전관리 기준에 따라 〈보기1〉의 성분을 분석할 때 공통으로 사용할 수 있는 시험 방법을 〈보기2〉에서 모두 고른 것은?

<보기1>

납, 니켈, 비소, 안티몬, 카드뮴

<보기2>

ㄱ. 디티존법
ㄴ. 푹신아황산법
ㄷ. 원자흡광광도법을 이용한 방법
ㄹ. 액체크로마토그래프 – 절대검량선법
ㅁ. 기체크로마토그래프 – 헤드스페이스법
ㅂ. 유도결합플라즈마 – 질량분석기를 이용한 방법

① ㄱ, ㄷ
② ㄱ, ㄹ
③ ㄴ, ㄷ
④ ㄹ, ㅁ
⑤ ㄷ, ㅂ

49. 다음 중 「우수화장품 제조 및 품질관리기준 해설서」에 따른 설비의 유지관리 주요사항으로 옳지 않은 것은?

① 예방적 실시(Preventive maintenance)가 원칙이며 점검체크시트를 사용하면 편리하다.
② 설비마다 절차서를 작성하며 유지하는 "기준"은 절차서에 포함한다.
③ 계획을 가지고 실행하며 연간계획이 일반적이다.
④ 점검항목에는 외관 검사, 작동점검, 기능측정, 청소, 부품 교환, 개선 등이 있다.
⑤ 점검항목 중 작동점검에는 회전수, 전압, 투과율, 감도 등이 있다.

50. 다음 중 「화장품 안전기준 등에 관한 규정」에 따른 퍼머넌트웨이브용 및 헤어스트레이트너 제품의 2제(산화제)의 안전관리 기준에 대한 설명으로 옳은 것은?

① 브롬산나트륨 함유 제제: 명확한 불용성 이물이 있을 것
② 브롬산나트륨 함유 제제: pH 4.0~10.5
③ 브롬산나트륨 함유 제제: 중금속 10μg/g 이하
④ 과산화수소 함유 제제: pH 2.0~3.0
⑤ 과산화수소 함유 제제: 중금속 10μg/g 이하

51. 〈보기〉는 「우수화장품 제조 및 품질관리기준 해설서」에 따른 보관관리 기준에 대한 설명이다. 다음 중 옳은 것을 모두 고른 것은?

<보기>

ㄱ. 주기적으로 재고조사를 시행하여 중대한 위반품이 발견되었을 때에는 일탈처리를 한다.
ㄴ. 원료 및 포장재의 관리는 물리적 격리(Quarantine)나 수동 컴퓨터 위치 제어 등의 방법 등에 의해 허가되지 않거나, 불합격 판정을 받거나, 아니면 의심스러운 물질의 허가되지 않은 사용을 방지할 수 있어야 한다.
ㄷ. 설정된 보관기한이 지나면 사용의 부적절성을 결정하기 위해 재평가시스템을 확립하여야 하며, 동 시스템을 통해 보관기한이 경과한 경우에도 사용할 수 있다.
ㄹ. 원자재, 반제품 및 벌크 제품은 바닥과 벽에 닿지 아니하도록 보관하고, 선입선출에 의하여 출고할 수 있도록 보관해야 한다.
ㅁ. 원료공급처의 사용기한을 준수하여 보관기한을 설정하여야 하며, 사용기한 이후에 자체적인 재시험 기간과 최소 보관기한을 설정·준수해야 한다.

① ㄱ, ㄴ, ㄷ　② ㄴ, ㄷ, ㄹ
③ ㄷ, ㄹ, ㅁ　④ ㄱ, ㄴ, ㄹ
⑤ ㄱ, ㄹ, ㅁ

52. 다음은 기능성화장품의 심사를 위한 제출자료이다. 심사자료 중 안전성 관련 자료로 옳은 것을 〈보기〉에서 모두 고른 것은?

<보기>

ㄱ. 2차 피부 자극시험 자료
ㄴ. 다회 투여 독성시험 자료
ㄷ. 동물 첩포시험(貼布試驗) 자료
ㄹ. 피부 감작성시험(感作性試驗) 자료
ㅁ. 안(眼)점막 자극 또는 그 밖의 점막 자극시험 자료

① ㄱ, ㄴ　② ㄴ, ㄷ
③ ㄴ, ㄹ　④ ㄷ, ㅁ
⑤ ㄹ, ㅁ

53. 다음 중 자외선 차단효과 측정방법 및 기준에 대한 설명으로 옳은 것은?

① 자외선 중에서 파장의 길이가 가장 긴 것은 UVC이다.
② 홍반, 일광화상 및 색소침착은 주로 UVB에 의해 발생한다.
③ 자외선차단지수(SPF)는 UVA를 차단하는 제품의 차단효과를 나타내는 지수이다.
④ 최소홍반량(MED)은 UVB를 사람의 피부에 조사한 후 10시간의 범위 내에, 조사영역의 전 영역에 홍반을 나타낼 수 있는 최소한의 자외선 조사량을 뜻한다.
⑤ 최소지속형즉시흑화량(MPPD)은 UVB를 사람의 피부에 조사한 후 2~24시간의 범위 내에, 조사영역의 전 영역에 희미한 흑화가 인식되는 최소 자외선 조사량을 뜻한다.

54. 다음 〈보기〉의 빈칸에 들어갈 내용으로 올바른 것은?

<보기>

(　　　　)란 화장품이 제조된 날부터 적절한 보관 상태에서 제품이 고유의 특성을 간직한 채 소비자가 안정적으로 사용할 수 있는 최소한의 기한을 뜻한다.

① 보관기간　② 사용기한
③ 제조기한　④ 처리기간
⑤ 개봉기간

55. 맞춤형화장품 조제관리사 미선은 고객과 다음과 같은 〈대화〉를 나누었다. ㉠~㉢에 들어갈 숫자와 단어가 올바르게 짝지어진 것은?

<대화>

고객: 요즘 날이 너무 뜨거워요. 직업상 바깥에서 3시간 정도 서있을 때가 많은데, 이때만이라도 자외선을 차단할 수 있을까요? 참고로 제 피부는 민감한 편은 아니라, 햇빛을 15분 이하로 받았을 때는 화상을 입지 않아요.
미선: 네, 물론이죠. 자외선 차단제를 구입하실 때 SPF 최소 (㉠) 이상의 제품을 고르시면 됩니다. 추가로 궁금하신 사항이 있으실까요?
고객: 아참, 자외선 차단제를 발랐을 때 피부에 하얗게 뜨는 현상이 없었으면 좋겠는데 피해야 할 성분이 있을까요?
미선: 그 문제는 (㉡), (㉢) 성분이 들어가 있지 않은 제품을 사용하시면 해결할 수 있답니다.

	㉠	㉡	㉢
①	8	티타늄디옥사이드	징크옥사이드
②	8	옥토크릴렌	호모살레이트
③	12	호모살레이트	옥토크릴렌
④	12	티타늄디옥사이드	징크옥사이드
⑤	18	옥토크릴렌	티타늄디옥사이드

56. 다음 중 「우수화장품 제조 및 품질관리기준 해설서」에 따른 보관구역의 위생기준에 대한 설명으로 옳은 것은?

① 통로는 자유로운 이동이 어렵도록 가능한 좁게 만든다.
② 바닥의 폐기물은 모아두었다가 주 1회 한번에 처리한다.
③ 용기들은 공기 순환을 위하여 뚜껑을 개봉한 상태로 보관한다.
④ 손상된 팔레트는 폐기하지 말고 따로 보관하였다가 수선하여 사용한다.
⑤ 사람과 물건이 이동하는 경로인 통로는 교차오염의 위험이 없어야 한다.

57. 다음 중 화장품 광고에 사용할 수 있는 문구로 옳은 것은?

① '최고' 또는 '최상'이라는 표현을 사용한 광고 문구
② 외국과의 기술제휴를 한 후 그것을 표시하는 광고 문구
③ 분명한 사실에 근거하여 다른 제품을 비방하는 광고 문구
④ 의사, 한의사, 약사가 사용하고 추천하는 제품이라는 광고 문구
⑤ 국제적 멸종위기종의 가공품이 함유된 화장품임을 알리는 광고 문구

58. 다음 〈보기〉 중 맞춤형화장품의 판매가 정상적으로 이루어진 경우를 모두 고른 것은?

<보기>

ㄱ. 맞춤형화장품 조제관리사가 향수 500ml를 100ml로 소분하여 판매하였다.
ㄴ. 실무 경력이 3년 이하인 화장품책임판매업자가 일반 화장품을 판매하였다.
ㄷ. 맞춤형화장품 조제관리사가 나이아신아마이드 함유 제품과 아데노신 함유 제품을 혼합·소분하여 판매하였다.
ㄹ. 실무 경력이 5년 이상인 화장품책임판매업자가 기능성화장품에 대해 심사받은 원료와 내용물을 혼합하였다.

① ㄱ, ㄴ
② ㄱ, ㄷ
③ ㄴ, ㄹ
④ ㄱ, ㄴ, ㄷ
⑤ ㄱ, ㄷ, ㄹ

59. 다음 <보기>는 「기능성화장품 기준 및 시험방법」 [별표 1] 통칙에 따른 화장품 용기의 종류에 관한 내용 중 일부이다. ㉠, ㉡에 들어갈 단어가 올바르게 짝지어진 것은?

<보기>

- (㉠): 일상의 취급 또는 보통 보존상태에서 액상 또는 고형의 이물 또는 수분이 침입하지 않고 내용물을 손실, 풍화, 조해 또는 증발로부터 보호할 수 있는 용기
- (㉡): 광선의 투과를 방지하는 용기 또는 투과를 방지하는 포장을 한 용기

① ㉠ 기밀용기, ㉡ 차광용기
② ㉠ 밀폐용기, ㉡ 차광용기
③ ㉠ 차광용기, ㉡ 기밀용기
④ ㉠ 밀봉용기, ㉡ 차광용기
⑤ ㉠ 차광용기, ㉡ 밀봉용기

60. 다음 중 피부의 생리구조에 대한 내용으로 옳지 않은 것은?

① 진피층: 피부의 90%를 차지하는 가장 두꺼운 조직으로 피지선, 한선, 림프선, 혈관, 모공 등의 부속기관이 존재한다.
② 피하조직: 진피와 근육, 골격 사이에 위치하고 완충작용과 절연작용으로 인체를 보호한다.
③ 기저층: 외부 이물질 항원을 인식하고 T－림프구에 전달하는 랑게르한스세포가 존재한다.
④ 투명층: 손·발바닥에만 존재하며 2~3층의 상피세포로 구성된 무핵세포층이다.
⑤ 망상층: 진피의 대부분을 차지하며 그물 모양의 망상 구조로 이루어진 결합조직이다.

61. 「우수화장품 제조 및 품질관리기준」 제11조 입고관리에 따라, <보기> 중 원자재 용기 및 시험기록서에 필수적으로 기재되어야 하는 사항을 모두 고른 것은?

<보기>

ㄱ. 원자재 공급자가 정한 제품명
ㄴ. 원자재 공급자명
ㄷ. 책임판매업자의 상호
ㄹ. 수령일자
ㅁ. 사용기한
ㅂ. 공급자가 부여한 제조번호 또는 관리번호

① ㄱ, ㄴ, ㄹ
② ㄱ, ㄴ, ㄷ, ㄹ
③ ㄱ, ㄴ, ㄷ, ㅁ
④ ㄱ, ㄴ, ㄹ, ㅂ
⑤ ㄱ, ㄴ, ㅁ, ㅂ

62. 다음 중 「화장품법 시행규칙」 제19조(화장품 포장의 기재·표시 등)에 따라 화장품의 포장에 해당 원료의 함량을 표시하여야 하는 대상이 아닌 것은?

① 인체 세포·조직 배양액이 들어있는 경우
② 화장품에 천연 또는 유기농으로 표시·광고하려는 경우
③ 알레르기 유발 가능성이 있는 25종의 향료를 사용하는 경우
④ 방향용 제품을 제외한 화장품 중 성분명을 제품 명칭의 일부로 사용한 경우
⑤ 만 4세 이상부터 만 13세 이하까지의 어린이가 사용할 수 있는 제품임을 특정하여 표시·광고하려는 제품에 사용기준이 지정·고시된 보존제를 사용한 경우

63. 맞춤형화장품 조제관리사 미선은 〈보기〉의 제형 중 A를 30%, B를 20% 혼합하였다. 사용상의 제한이 있는 성분은 배합 가능한 최대 함량을 배합하였다고 가정했을 때, 다음 중 전성분을 올바르게 표시한 것으로 옳은 것은?

<보기>

- 제형 A: 정제수, 징크옥사이드, 벤질알코올
- 제형 B: 정제수, 우레아, 비타민E

① 정제수, 벤질알코올, 징크옥사이드, 비타민E, 우레아
② 정제수, 벤질알코올, 우레아, 징크옥사이드, 비타민E
③ 정제수, 징크옥사이드, 우레아, 비타민E, 벤질알코올
④ 정제수, 징크옥사이드, 비타민E, 우레아, 벤질알코올
⑤ 정제수, 우레아, 벤질알코올, 비타민E, 징크옥사이드

64. 맞춤형화장품 조제관리사 A는 매장을 방문한 고객 B와 다음과 같은 〈대화〉를 나누었다. ㉠, ㉡에 들어갈 단어가 순서대로 올바르게 짝지어진 것은?

<대화>

A: 안녕하세요. 재방문해주셔서 감사합니다. 지난번에 구매하신 맞춤형 수분크림은 잘 사용하고 계신가요?
B: 제 피부에 꼭 맞네요. 이번에도 같은 성분으로 조제 부탁드릴게요. 그나저나 요즘 저희 아이가 매일 씻어도 냄새가 나네요. 사춘기라 그런지 날이 갈수록 체취가 심해지는 것 같아요. 대체 이유가 뭘까요?
A: 모공에 연결된 땀샘인 (㉠)의 발달이 원인일 가능성이 높아 보입니다. 이 땀샘은 겨드랑이, 서혜부, 배꼽 주변 등 특정 부위에 주로 분포하고, 땀이 세균에 의해 분해되면서 나는 특유의 냄새가 있어요.
B: 음, 걱정이네요. 그럼 어떤 제품을 쓰는 것이 좋을지 추천 부탁드려요.
A: 그렇다면 (㉡) 사용을 추천드릴게요.

① 피지선, 향수
② 대한선, 데오도런트
③ 소한선, 데오도런트
④ 소한선, 바디 클렌저
⑤ 대한선, 바디 클렌저

65. 다음 〈보기〉는 「기능성화장품 기준 및 시험방법」 [별표 2]의 일부이다. 빈칸에 들어갈 성분명으로 옳은 것은?

<보기>

유용성감초추출물
Oil Soluble Licorice(Glycyrrhiza) Extract
이 원료는 감초 Glycyrrhiza glabra L. var. glandulifera Regel et Herder, Glycyrrhiza uralensis Fisher 또는 그 밖의 근연식물(Leguminosae)의 뿌리를 무수 에탄올로 추출하여 얻은 추출물을 다시 에칠 아세테이트로 추출한 다음 추출액을 감압농축하여 건조한 유용성추출물을 가루로 한 것이다. 이 원료는 정량할 때 (　　　)($C_{20}H_{20}O_4$: 324.38) 35.0% 이상을 함유한다.

① 알부틴
② 아스코빌글루코사이드
③ 나이아신아마이드
④ 에칠아스코빌에텔
⑤ 글라브리딘

66. 〈보기〉는 맞춤형화장품 조제관리사가 고객에게 조제를 요청받은 제품의 목록이다. 다음 중 조제관리사가 조제할 수 있는 화장품만으로 올바르게 짝지어진 것은?

<보기>

ㄱ. 일본에서 수입한 크림의 내용물에 미국에서 제조된 원료를 혼합한 화장품
ㄴ. 한국에서 제조된 1L의 손소독제를 25ml씩 소분한 화장품
ㄷ. 아데노신 함유 제품과 알파 – 비사보롤 함유 제품을 혼합한 후 소분한 화장품
ㄹ. 테르펜계 오일이 함유된 헤어 샴푸에 참나무 이끼추출물을 0.005% 혼합한 화장품

① ㄱ, ㄴ　② ㄴ, ㄷ
③ ㄱ, ㄴ, ㄷ　④ ㄱ, ㄷ, ㄹ
⑤ ㄴ, ㄷ, ㄹ

67. 다음은 피부의 구조 중 피부장벽에 대한 내용의 일부이다. ㉠~㉢에 들어갈 단어가 올바르게 짝지어진 것은?

피부장벽
- 각질층으로 구성된 피부장벽은 (㉠)(TEWL)을 억제하고 피부를 외부의 유해물질로부터 방어하는 역할을 한다.
- 각질층에 존재하는 수용성 물질은 (㉡)라고 한다.
- 피부장벽은 각질세포와 세포간지질로 구성되어 있다.
- 세포간지질은 (㉢), 지방산, 콜레스테롤 등으로 구성되어 있다.

	㉠	㉡	㉢
①	경피수분손실	천연보습인자	세라마이드
②	면역반응조절	히알루론산	케라토하이알린
③	경피수분손실	히알루론산	세라마이드
④	면역반응조절	천연보습인자	글리세린
⑤	진피수분손실	엘라이딘	트리글리세라이드

68. 다음은 모발의 생리구조 중 두피 및 모발의 유형에 관한 내용의 일부이다. 빈칸에 들어갈 단어로 옳은 것은?

탈모
- 남성호르몬인 테스토스테론이 5 – 알파 – 리덕타아제에 의해 (　　　)로 변환되며 발생한다.
- 유전, 스트레스, 지루성 두피염 등 다양한 요인에 의해 발생되고 악화될 가능성이 있다.
- 하루에 약 100~200개의 모발이 지속적으로 탈락하는 현상이다.

① MCH　② DHT
③ LTH　④ NMF
⑤ ALH

69. 다음은 「화장품 안전기준 등에 관한 규정」 [별표 3]의 일부이다. 각 용어에 대한 정의로 옳지 않은 것을 모두 고른 것은?

> 인체 세포·조직 배양액 안전기준
> 1. 용어의 정의
> 이 기준에서 사용하는 용어의 정의는 다음과 같다.
> 가. "인체 세포·조직 배양액"은 인체에서 유래된 세포 또는 조직을 배양하기 전 세포와 조직을 배합하고 남은 액을 말한다.
> 나. "공여자"란 배양액에 사용된 세포 또는 조직을 제공받는 사람을 말한다.
> 다. "공여자 적격성검사"란 공여자에 대하여 문진, 검사 등에 의한 진단을 실시하여 해당 공여자가 세포배양액에 사용되는 세포 또는 조직을 제공하는 것에 대해 적격성이 있는지를 판정하는 것을 말한다.
> 라. "윈도우 피리어드(window period)"란 감염 초기에 세균, 진균, 바이러스 및 그 항원·항체·유전자 등을 검출할 수 있는 기간을 말한다.
> 마. "청정등급"이란 부유입자 및 미생물이 유입되거나 잔류하는 것을 통제하여 일정 수준 이하로 유지되도록 관리하는 구역의 관리수준을 정한 등급을 말한다.

① 가, 나 ② 가, 나, 다
③ 가, 나, 라 ④ 나, 다, 라
⑤ 나, 라, 마

70. 다음 중 미백효과가 있는 성분과 작용 기전이 올바르게 연결된 것을 〈보기〉에서 모두 고른 것은?

<보기>

	성분명	작용 기전
ㄱ.	닥나무추출물	티로시나아제 억제
ㄴ.	나이아신아마이드	티로시나아제 억제
ㄷ.	알부틴	멜라노좀의 전이 억제
ㄹ.	유용성감초추출물	멜라노좀의 전이 억제
ㅁ.	에칠아스코빌에텔	산화반응 억제

① ㄱ, ㄷ ② ㄴ, ㄹ
③ ㄷ, ㄹ ④ ㄹ, ㅁ
⑤ ㄱ, ㅁ

71. 다음 표는 미선이 판매하는 제품 100g의 품질성적서 일부이다. 해당 제품이 시험결과에서 적합 판정을 받았다고 가정했을 때, 「화장품 사용할 때의 주의사항 및 알레르기 유발성분 표시에 관한 규정」 [별표 1]에 따라 포장에 표시하여야 하는 주의사항으로 옳은 것을 <보기>에서 모두 고른 것은?

• 제품명: 촉촉산뜻 미백크림

시험 항목	시험 성적
pH	3
세균수	150
진균수	250
대장균	불검출
녹농균	불검출
황색포도상구균	불검출
(…)	(…)
포름알데하이드	50mg 검출
코치닐추출물	3mg 검출
알부틴	3g 검출

<보기>

ㄱ. 사용 시 흡입되지 않도록 주의할 것
ㄴ. 성분에 과민한 사람은 신중히 사용할 것
ㄷ. 만 3세 이하 어린이의 기저귀가 닿는 부위에는 사용하지 말 것
ㄹ. 「인체적용시험자료」에서 구진과 경미한 가려움이 보고된 예가 있음
ㅁ. 성분에 과민하거나 알레르기가 있는 사람은 신중히 사용할 것
ㅂ. 눈에 접촉을 피하고 눈에 들어갔을 때는 즉시 씻어낼 것
ㅅ. 신장 질환이 있는 사람은 사용 전에 의사, 약사, 한의사와 상의할 것
ㅇ. 「인체적용시험자료」에서 경미한 발적, 피부건조, 화끈감, 가려움, 구진이 보고된 예가 있음

① ㄱ, ㄴ, ㄹ　② ㄴ, ㄹ, ㅁ
③ ㄷ, ㄹ, ㅁ　④ ㄹ, ㅂ, ㅇ
⑤ ㅂ, ㅅ, ㅇ

72. 다음 중 비중이 0.8인 액체 300mL를 채울 때의 중량으로 옳은 것은? (단, 100%를 채웠다고 가정한다)

① 240g　② 260g
③ 300g　④ 360g
⑤ 375g

73. 다음 중 「화장품 표시·광고 관리 가이드라인」을 준수하였을 때 화장품에 표시·광고할 수 있는 문구로 옳은 것은?

① AA화장품은 모낭충의 예방 및 치료에 효과가 탁월합니다.
② BB화장품은 피부의 독소를 제거해주는 디톡스 화장품입니다.
③ CC화장품은 손상된 모발을 건강한 모발로 복구시킵니다.
④ DD화장품은 ○○대학병원에서 추천하는 안전한 화장품입니다.
⑤ EE화장품은 미국 ○○사와의 기술제휴 및 공동개발, 연구 끝에 탄생한 화장품입니다.

74. **다음 중 빈칸에 공통으로 들어갈 제조설비 및 기구의 명칭으로 가장 적절한 것은?**

(   )
• 고속으로 회전하여 물질을 균일하게 믹스한다.
• (   )의 임펠러는 내부의 회전자와 회전자를 감싸고 있는 고정자로 구성되어 있음
• 터빈형의 날개를 원통으로 둘러싼 구조이며, 통속에서 대류에 의해서 균일하고 미세한 유화 형성
• (   )의 종류 및 특징

진공	균질, 유화, 혼합 및 탈포의 기능을 지님
초음파	혼합, 추출, 파쇄, 나노분산, 균질, 유화 공정에 적용
고압	리포좀이나 나노에멀션 제조에 사용

① 교반기(Mixer)
② 아지믹서(Agi mixer)
③ 디스퍼(Disper)
④ 호모믹서(Homo mixer)
⑤ 혼합기(Dispersing mixer)

75. **다음 중 기능성화장품 심사에 관한 설명으로 올바른 것은?**

① 제품명은 이미 심사를 받은 기능성화장품의 명칭과 동일해야 한다.
② 광독성 및 광감작성 시험은 국내·외 대학 또는 전문 연구기관에서 실시해야 한다.
③ 모발의 색상을 변화시키는 기능성화장품에 한해 염모효력시험자료를 제출해야 한다.
④ 인체적용시험자료에서 피부이상반응 발생 등 안전성 문제가 우려된다고 판단되는 경우에는 인체첩포시험자료를 제출해야 한다.
⑤ 자외선에서 흡수가 없음을 입증하는 흡광도 시험자료를 제출하는 경우에는 피부감작성시험자료 제출을 면제한다.

76. **다음 〈대화〉는 맞춤형화장품 조제관리사 A와 고객 B가 나눈 대화이다. 대화가 끝난 후 A가 B에게 추천할 성분으로 옳은 것을 〈보기〉에서 모두 고른 것은?**

<대화>

B: 안녕하세요. 지난번에 가족이 여기에서 구매한 화장품을 저도 같이 쓰고 있는데요. 제 예상과는 다르게 광택이 너무 떨어지는 것 같아요. 피부에도 끈적임이 남는 것 같고, 얇고 부드럽게 발리지도 않아서 계속 무거운 느낌이 드네요. 혹시 저에게 맞는 성분으로 다시 조제해주실 수 있나요?
A: 네. 말씀하신 부분 참고하여 조제해드리겠습니다.

<보기>

상어간유, 난황 오일, 시어 버터, 실리콘 오일, 에스테르 오일, 에뮤 오일

① 상어간유, 시어 버터
② 난황 오일, 실리콘 오일
③ 시어 버터, 실리콘 오일
④ 실리콘 오일, 에스테르 오일
⑤ 에스테르 오일, 에뮤 오일

77. **다음 중 화장품 관련 법령에 따라 판매 가능한 맞춤형화장품의 구성으로 옳지 않은 것은?**

① 또렷한 컬러를 위해 분산흑색 9호를 사용한 염모용 맞춤형화장품
② 각질 제거효과를 높이기 위해 AHA 성분을 추가한 맞춤형화장품
③ 드로메트리졸 0.5%를 포함한 벌크제품에 비타민 E를 혼합한 맞춤형화장품
④ 지성 피부인 고객의 요청으로 활성성분인 위치하젤을 추가한 맞춤형화장품
⑤ 시중에서 유통 중인 판매촉진용 샘플화장품에 닥나무추출물을 혼합한 맞춤형화장품

78. 다음은 회수 대상이 된 화장품 100g의 품질성적서이다. 다음 중 〈보기〉의 ㉠~㉢에 들어갈 단어가 올바르게 짝지어진 것은?

<품질성적서>

시험 항목	시험 결과
토코페롤	300mg
붕산	불검출
비소	200μg
니트로펜	10μg
납	100μg
세라마이드	500mg
알부틴	250mg
디페닐아민	불검출

<보기>

해당 화장품의 위해성 등급은 (㉠)등급이며 (㉡) 판매중지 등의 필요한 조치를 한 후, 회수 대상 화장품이라는 사실을 안 날부터 (㉢) 지방식품의약품안전청장에게 회수계획서를 제출하여야 한다.

	㉠	㉡	㉢
①	가	즉시	5일 이내에
②	가	즉시	15일 이내에
③	나	즉시	5일 이내에
④	나	즉시	15일 이내에
⑤	다	5일 이내에	15일 이내에

79. 다음 〈기사〉는 「화장품 안전기준 등에 관한 규정」에 따른 유통화장품의 비의도적 유래물질의 한도기준과 관련된 가상의 기사 내용 중 일부이다. 빈칸에 공통으로 들어갈 단어로 가장 적합한 것은?

<기사>

(…) 지난 ○○일 중금속의 일종인 (　　　)의 검출허용기준을 초과한 화장품 목록이 공개되었다. 식품의약품안전처에서는 총 9개 품목에 대한 판매중단 및 자진회수 명령이 내려졌다. 해당 9개의 품목은 유통처는 다르지만 모두 DD사에서 제조한 제품들로, 해당 제조사는 작년 ○○월 식약처의 우수제조관리기준(CGMP)을 획득한 기업이다. (…) CGMP 획득 기업에서 중금속의 일종인 (　　　)이 초과 검출되면서 화장품 유통업계에서의 파장이 커지고 있다. 문제가 된 (　　　)은 원소기호 Sb이며 은백색 광택을 가지는 결정으로, 검출허용 한도는 10μg이다. 고대인이 눈썹이나 속눈썹을 화장할 때 주로 사용하였으며 15세기부터 납과의 합금이 인쇄활자에 사용되었다. 비소와 마찬가지로 소량으로도 독성이 강하며 두통, 어지럼증 등의 증상이 특징적이다. (…)

① 수은　② 카드뮴
③ 안티몬　④ 디옥산
⑤ 메탄올

80. 다음 중 독성시험법과 동물대체시험법의 연결이 올바르지 <u>않은</u> 것은?

① 단회 투여 독성시험 – 용량고저법
② 피부 자극시험 – 장벽막을 이용한 피부 부식시험법
③ 안자극 시험 – 인체 세포주 활성화 방법(h–CLAT)
④ 안점막 자극시험 – 소 각막을 이용한 안점막 자극시험법
⑤ 피부 감작성시험 – 유세포분석을 이용한 국소림프절 시험법

단답형

81. 다음은 화장품제조업자와 화장품책임판매업자가 작성 또는 보관할 서류의 목록이다. 「화장품법 시행규칙」에 따라 빈칸에 공통으로 들어갈 단어를 작성하시오.

화장품 제조업자	제조관리기준서, (　　　　), 제조관리기록서, 품질관리기록서
화장품 책임판매업자	(　　　　　), 품질관리기록서

82. 화장품책임판매업자는 영유아 또는 어린이가 사용할 수 있는 화장품임을 표시·광고하려는 경우에는 제품별로 안전과 품질을 입증할 수 있는 다음 자료를 작성 및 보관하여야 한다. 〈보기〉의 빈칸에 들어갈 단어를 작성하시오.

<보기>

- 제품 및 제조방법에 대한 설명 자료
- 화장품의 (　　　) 평가 자료
- 제품의 효능·효과에 대한 증명 자료

83. 다음 〈보기〉는 4단계에 걸친 화장품 위해평가의 방법을 나열한 것이다. ㉠, ㉡에 들어갈 단어를 차례로 작성하시오.

<보기>

- 단계 1: 위해요소의 인체 내 독성을 확인하는 위험성 확인과정
- 단계 2: 위해요소의 인체노출 허용량을 산출하는 위험성 결정과정
- 단계 3: 위해요소가 인체에 노출된 양을 산출하는 (㉠)과정
- 단계 4: 위의 세 가지 결과를 종합하여 인체에 미치는 위해 영향을 판단하는 (㉡)과정

84. 화장품에 사용되는 사용제한 원료의 종류 및 사용한도에서 (㉠), (㉡), 자외선차단제 등과 같이 특별히 사용상의 제한이 필요한 원료에 대해 그 사용기준을 지정하여 고시해야 하며, 사용기준이 지정·고시된 원료 외의 성분 등은 사용할 수 없다. 「화장품법」에 따라 ㉠, ㉡에 들어갈 단어를 차례로 작성하시오.

85. 다음 〈보기〉는 화장품의 1차 포장에 반드시 표시되어야 하는 사항을 나열한 것이다. 빈칸에 들어갈 단어를 작성하시오.

<보기>

- 화장품의 명칭
- 영업자의 상호
- (　　　　　　　)
- 사용기한 또는 개봉 후 사용기간

※ 다만, 소비자가 화장품의 1차 포장을 제거하고 사용하는 고형비누 등 총리령으로 정하는 화장품의 경우에는 그러하지 아니한다.

86. 화장품책임판매업자는 다음 〈보기〉 중 어느 하나에 해당하는 성분을 0.5% 이상 함유하는 제품의 경우에는 해당 품목의 안정성시험자료를 최종 제조된 제품의 사용기한이 만료되는 날부터 1년간 보존해야 한다. 빈칸에 들어갈 단어를 작성하시오.

<보기>

- 레티놀(비타민 A) 및 그 유도체
- (　　　　　　　　　) 및 그 유도체
- 토코페롤(비타민 E)
- 과산화화합물
- 효소

87. 다음은 화장품에 사용상의 제한이 필요한 원료 중 보존제 성분의 일부이다. ㉠~㉤에 들어갈 숫자를 차례로 작성하시오.

살리실릭애씨드 및 그 염류

사용 한도	• 보존제: 살리실릭애씨드로서 (㉠)% • 기타성분 – 인체세정용 제품류에 살리실릭애씨드로서 (㉡)% – 사용 후 씻어내는 두발용 제품류에 살리실릭애씨드로서 (㉢)% – 여드름성 피부를 완화하는 데 도움을 주는 인체세정용 제품류에 살리실릭애씨드로서 (㉣)%
주의 사항	• 영유아용 제품류 또는 만 (㉤)세 이하 어린이가 사용할 수 있음을 특정하여 표시하는 제품에는 사용금지(다만, 샴푸는 제외) • 기능성화장품의 유효성분으로 사용하는 경우에 한하며 기타 제품에는 사용금지

88. 다음 〈보기〉는 「기능성화장품 심사에 관한 규정」와 관련된 설명이다. 빈칸에 공통으로 들어갈 단어를 작성하시오.

<보기>

(…) 기능성화장품의 심사를 받기 위해서는 여러 자료들을 제출해야 한다. 유효성 또는 기능에 관한 자료 중 인체적용시험자료를 제출하는 경우 (　　　) 제출을 면제할 수 있다. 다만, 이 경우에는 (　　　)의 제출을 면제 받은 성분에 대해서는 효능·효과를 기재·표시할 수 없다.

89. 다음은 맞춤형화장품판매업자의 준수사항 중 일부이다. ㉠, ㉡에 들어갈 단어를 차례로 작성하시오.

3. 다음의 사항이 포함된 맞춤형화장품 판매내역서(전자문서로 된 판매내역서 포함)를 작성·보관할 것
 가. 제조번호
 나. 사용기한 또는 개봉 후 사용기간
 다. (㉠) 및 (㉡)

90. 맞춤형화장품 조제관리사인 미선은 매장을 방문한 고객과 다음과 같은 〈대화〉를 나누었다. 미선이 고객에게 추천할 제품으로 다음 〈보기〉 중 옳은 것을 골라 작성하시오.

<대화>

고객: 요즘 피부가 검어지고 칙칙해졌어요. 피부가 민감한 편이라 미백에 도움이 되면서 민감한 피부에 적합한 제품을 찾고 있는데, 맞는 제품이 있을까요?

미선: 미백에 도움을 주면서 민감한 피부에도 적합한 제품이 있습니다. 피부 측정을 한 후에 좀 더 정확하게 추천해드리겠습니다.

<보기>

호모살레이트 함유 제품, 알파–비사보롤 함유 제품, 아데노신 함유 제품, 알부틴 함유 제품, 히알루론산 함유 제품

91. 다음 〈보기〉는 맞춤형화장품 성분표의 일부이다. 맞춤형화장품 조제관리사가 소비자에게 사용된 성분에 대해 설명하고자 할 때, ㉠, ㉡에 들어갈 단어를 차례로 작성하시오.

<보기>

정제수, 글리세린, 토코페릴아세테이트, 살리실릭애씨드, 나이아신아마이드, 1,2헥산디올, 벤조페논-8, 스쿠알란, 팔미틱애씨드, 페녹시에탄올, 향료

<설명>

조제관리사: 이 화장품에 사용된 자외선 차단성분은 (㉠)로서, (㉡) 이하로 사용되어 기준에 적합합니다.

92. 다음은 「화장품 표시·광고 실증에 관한 규정」의 내용 중 일부이다. 빈칸에 들어갈 단어를 작성하시오.

(　　　)은 실험실의 배양접시, 인체로부터 분리한 모발 및 피부, 인공피부 등 인위적 환경에서 시험물질과 대조물질 처리 후 결과를 측정하는 것을 말한다.

93. 〈보기〉는 화장품 법령·제도 등 교육을 이수하여야 하는 대상자에 대한 설명이다. ㉠, ㉡에 들어갈 단어를 차례로 작성하시오.

<보기>

- 화장품의 안전성 확보 및 품질관리에 관한 교육을 매년 받아야 하는 (㉠) 및 맞춤형화장품 조제관리사
- 교육이수명령을 받은 화장품제조업자, 화장품책임판매업자 또는 맞춤형화장품판매업자
- 교육이수명령을 받은 영업자가 둘 이상의 장소에서 영업을 하는 경우에 (㉡) 중에서 지정한 책임자

94. 다음 〈보기〉는 피부 및 피부 부속기관에 대한 설명 중 일부이다. ㉠, ㉡에 들어갈 단어를 차례로 작성하시오.

<보기>

- (㉠): 표피 각질층과 모발을 구성하는 투명한 섬유성 단백질로, 외부 이물질 침입으로부터 신체를 보호한다.
- (㉡): 주로 얼굴, 목, 가슴 등의 부위에서 분비되며 피부와 모발에 윤기와 광택을 부여하고 수분의 증발 억제에 도움을 준다.

95. 다음은 「화장품법 시행규칙」에 따른 맞춤형화장품판매업자의 혼합·소분 안전관리기준 준수사항 중 일부이다. ㉠~㉢에 들어갈 단어를 차례로 작성하시오.

- 혼합·소분 전에 혼합·소분에 사용되는 내용물 또는 원료에 대한 (㉠)를 확인할 것
- 혼합·소분 전에 손을 소독하거나 세정할 것. 다만, 혼합·소분 시 (㉡)을 착용하는 경우에는 그렇지 않다.
- 혼합·소분 전에 혼합·소분된 제품을 담을 (㉢)의 오염 여부를 확인할 것
- 혼합·소분에 사용되는 장비 또는 기구 등은 사용 전에 그 위생 상태를 점검하고, 사용 후에는 오염이 없도록 세척할 것

96. 다음은 멜라닌 생성에 대한 설명이다. 빈칸에 들어갈 단어를 작성하시오.

멜라닌은 기저층에 위치한 멜라닌형성세포에 의해 생성되며, 멜라닌의 합성은 멜라닌형성세포의 티로신이라는 아미노산으로부터 출발한다. 산화효소인 (　　　)는 약 0.2%의 구리를 함유하는 구리단백질이며, 멜라닌형성세포에서 멜라닌색소를 생성할 때 관여한다.

97. 다음 〈보기〉는 화장품의 내용량이 10밀리리터 초과 50밀리리터 이하 또는 중량이 10그램 초과 50그램 이하 화장품의 포장인 경우 반드시 기재·표시해야 하는 성분이다. ㉠~㉢에 들어갈 단어를 차례로 작성하시오.

<보기>

- 타르색소
- (㉠)
- 샴푸와 린스에 들어 있는 (㉡)의 종류
- 과일산(AHA)
- (㉢)의 경우 그 효능·효과가 나타나게 하는 원료
- 식품의약품안전처장이 사용 한도를 고시한 화장품의 원료

98. 다음 〈보기〉에 해당하는 기능성화장품의 포장에 기재·표시해야 하는 문구를 작성하고자 한다. ㉠, ㉡에 들어갈 단어를 차례로 작성하시오.

<보기>

- 탈모 증상의 완화에 도움을 주는 화장품
- 여드름성 피부를 완화하는 데 도움을 주는 화장품. 다만, 인체세정용 제품류로 한정한다.
- (㉠)의 기능을 회복하여 가려움 등의 개선에 도움을 주는 화장품
- 튼살로 인한 붉은 선을 엷게 하는 데 도움을 주는 화장품

화장품 포장의 기재·표시
"질병의 예방 및 치료를 위한 (㉡)이 아님"

99. 다음 표는 모발의 구조 중 모간부에 대한 설명이다. ㉠~㉢에 들어갈 단어를 차례로 작성하시오.

명칭	특징
㉠	• 모발의 가장 바깥층 • 멜라닌색소가 없는 무색 투명한 케라틴 단백질로 구성 • 비늘, 기와 모양으로 모발을 외부 자극으로부터 보호 • 모발 전체의 10~15%를 차지
㉡	• 멜라닌색소가 있는 모발 중간의 내부층 • 모발의 탄력, 강도, 질감, 색상 등을 결정 • 퍼머넌트 및 염색 시술 시 모피질 결합의 약화로 모발 손상 • 모발 전체의 85~90%를 차지
㉢	• 모발의 가장 안쪽 중심부에 위치 • 굵고 거친 모발에 존재 • 배냇머리, 연모 등 얇고 부드러운 모발에는 존재하지 않음

100. 다음 〈보기〉는 영업자의 의무 중 화장품책임판매업자의 의무사항에 대한 내용이다. ㉠, ㉡에 들어갈 단어를 차례로 작성하시오.

<보기>

- 화장품의 품질관리기준, (㉠) 후 안전관리기준, 품질검사 방법 및 실시 의무, 안전성·유효성 관련 정보사항 등의 보고 및 안전대책 마련 의무 등에 관하여 총리령으로 정하는 사항을 준수할 것
- 총리령으로 정하는 바에 따라 화장품의 생산실적 또는 수입실적, 화장품의 제조과정에 사용된 (㉡)의 목록 등을 식품의약품안전처장에게 보고할 것. 이 경우 (㉡)의 목록에 관한 보고는 화장품의 유통·판매 전에 할 것

맞춤형화장품 조제관리사
제2회 모의고사

성명		수험번호										120분

응시자 주의사항	• 시험 도중 포기하거나 답안지를 제출하지 않은 응시자는 시험 무효 처리됩니다. • 시험 시간 중에는 화장실에 갈 수 없고 종료 시까지 퇴실할 수 없으므로 과다한 수분 섭취를 자제하는 등 건강 관리에 유의하시기 바랍니다. • 응시자는 감독위원의 지시에 따라야 하며, 부정한 행위를 한 응시자에게는 해당 시험을 무효로 하고, 이미 합격한 자의 경우 「화장품법」 제3조의4에 따라 자격이 취소되고 처분일로부터 3년간 시험에 응시할 수 없습니다. • 답안지는 문제번호가 1번부터 100번까지 양면으로 인쇄되어 있습니다. 답안 작성 시에는 반드시 시험문제지의 문제번호와 동일한 번호에 작성하여야 합니다. • 선다형 답안 마킹은 반드시 컴퓨터용 사인펜으로 작성하여야 합니다. 답안 수정이 필요할 경우 감독관에게 답안지 교체를 요청해야 하며, 수정테이프(액) 등을 사용했을 경우 채점상의 불이익을 받을 수 있으므로 사용하지 마시기 바랍니다. • 올바른 답안 마킹방법 및 주의사항 – 매 문항마다 반드시 하나의 답만을 골라 그 숫자에 "●"로 정확하게 표기하여야 하며, 이를 준수하지 않아 발생하는 불이익(득점 불인정 등)은 응시자 본인이 감수해야 함 – 답안 마킹이 흐리거나, 답란을 전부 채우지 않고 작게 점만 찍어 마킹할 경우 OMR 판독이 되지 않을 수 있으니 유의하여야 함 예 올바른 표기: ● / 잘못된 표기: ⊙ ⊗ ⊖ ⦶ ◎ ⦸ Ⓥ ◌ – 두 개 이상의 답을 마킹한 경우 오답처리 됨 • 단답형 답안 작성은 반드시 검정색 볼펜으로 작성하여야 합니다. 답안 정정 시에는 반드시 정정 부분을 두 줄(=)로 긋고 해당 답안 칸에 다시 기재하여야 하며, 수정테이프(액) 등을 사용했을 경우 채점상의 불이익을 받을 수 있으므로 사용하지 마시기 바랍니다. • 문항별 배점은 시험당일 문제에 표기하여 공개됩니다. • 시험 문제 및 답안은 비공개이며, 이에 따라 시험 당일 문제지 반출이 불가합니다. • 본인이 작성한 답안지를 열람하고 싶은 응시자는 합격일 이후 별도 공지사항을 참고하시기 바랍니다.

제2회 맞춤형화장품 조제관리사 모의고사

성명		수험번호										120분

선다형

1. 다음 중 화장품의 유형별 특성에 따른 제품의 분류로 올바르지 않은 것은?

① 아이크림 – 기초화장용 제품류
② 외음부 세정제 – 인체 세정용 제품류
③ 폼 클렌저 – 인체 세정용 제품류
④ 아이 메이크업 리무버 – 기초화장용 제품류
⑤ 핸드크림, 풋크림 – 기초화장용 제품류

2. 안정성시험의 종류 중 장기보존시험과 가속시험의 물리·화학적 시험 항목에 대한 설명으로 옳은 것은?

① 균등성, 향취 및 색상, 사용감, 액상, 유화형, 내온성 시험 수행
② 성상, 향, 사용감, 점도, 질량변화, 분리도, 유화상태, 경도 및 pH 등 제제의 성질 평가
③ 정상적으로 제품 사용 시 미생물 증식을 억제하는 능력이 있음을 증명하는 미생물학적 시험 및 필요 시 기타 특이적 시험을 통해 미생물에 대한 안정성 평가
④ 제품과 용기 사이의 상호작용(용기의 제품 흡수, 부식, 화학적 반응 등)에 대한 적합성 평가
⑤ 보존기간 중 제품의 안전성이나 기능성에 영향을 확인할 수 있는 품질관리상 중요한 항목 및 분해산물의 생성유무 확인

3. 〈보기〉는 A, B, C가 실행할 계획의 일부이다. 다음 중 현행 법령에 따른 설명으로 옳지 않은 것은?

<보기>

- 맞춤형화장품 조제관리사 자격을 취득한 후 화장품 품질관리 업무를 하고 있는 맞춤형화장품 조제관리사 A는 화장품책임판매업 등록을 앞두고 있다.
- 화장품제조업자로서 화장품을 직접 제조하여 유통·판매하는 영업을 하는 화장품책임판매업자 B는 신제품 '촉촉 미스트'를 제조하여 다음 달부터 판매하고자 한다.
- 화장품제조업자에게 위탁하여 제조된 화장품을 유통·판매하는 영업을 하는 화장품책임판매업자 C는 올해 동안의 생산실적을 보고하고자 한다.

① A가 책임판매관리자가 되기 위해서는 맞춤형화장품 조제관리사 자격 취득 이후의 경력이 1년 이상이어야 한다.
② A, C는 화장품의 제조와 관련된 기록·시설·기구 등 관리 방법, 원료·자재·완제품 등에 대한 시험·검사·검정 실시 방법 및 의무 등에 관하여 총리령으로 정하는 사항을 준수하여야 한다.
③ B는 '촉촉 미스트'의 유통·판매 전에 원료의 목록에 관한 보고를 먼저 하여야 한다.
④ B는 총리령으로 정하는 바에 따라 화장품의 생산실적 또는 수입실적, 화장품의 제조과정에 사용된 원료의 목록 등을 식품의약품안전처장에게 보고하여야 하며, 이를 어긴 경우 과태료 금액은 50만 원이다.
⑤ C는 화장품의 품질관리기준, 책임판매 후 안전관리기준, 품질검사 방법 및 실시 의무, 안전성·유효성 관련 정보사항 등의 보고 및 안전대책 마련 의무 등에 관하여 총리령으로 정하는 사항을 준수하여야 한다.

4. 다음 중 화장품 사용상의 제한이 필요한 원료명과 사용 제품에 따른 연결이 올바르지 않은 것은?

① 보존제 성분 – 메칠이소치아졸리논
② 보존제 성분 – 벤질알코올
③ 자외선 차단 성분 – 피로갈롤
④ 자외선 차단 성분 – 시녹세이트
⑤ 염모제 성분 – 피크라민산

5. 다음 〈보기〉는 「화장품법 시행규칙」 제10조의3(제품별 안전성 자료의 작성·보관)과 관련된 내용이다. ㉠, ㉡에 들어갈 단어가 올바르게 짝지어진 것은?

<보기>

- 영유아 또는 어린이 사용 화장품의 표시·광고를 하려는 화장품책임판매업자는 제품별 안전성 자료 모두를 미리 작성해야 한다.
- 제품별 안전성 자료의 보관기간은 화장품의 1차 포장에 개봉 후 사용기간을 표시하는 경우 영유아 또는 어린이가 사용할 수 있는 화장품임을 표시·광고한 날부터 마지막으로 제조·수입된 제품의 제조연월일 이후 3년까지의 기간이다. 이 경우 제조는 화장품의 제조번호에 따른 (㉠)를 기준으로 하며, 수입은 (㉡)를 기준으로 한다.

	㉠	㉡
①	생산일자	사용기한
②	생산일자	수입일자
③	사용기한	통관일자
④	제조일자	수입일자
⑤	제조일자	통관일자

6. 다음은 「화장품법 시행규칙」 [별표 7]에 따른 행정처분의 예시이다. 1차 위반 행위 시 ㉠~㉢에 들어갈 행정처분이 올바르게 짝지어진 것은?

- A회사는 맞춤형화장품 조제관리사가 퇴사한 후 새로운 맞춤형화장품 조제관리사가 입사하였음에도 3달이 지난 지금까지 변경신고를 하지 않았다. → (㉠)
- B회사는 올초에 화장품제조업으로 등록을 하였지만 작업소, 보관소 또는 시험실 중 어느 하나가 없었다. → (㉡)
- C회사는 화장품책임판매업자가 화장품책임관리자를 두고 있음에도 그 밖에 책임판매 후 안전관리기준을 준수하지 않았다. → (㉢)

	㉠	㉡	㉢
①	시정명령	시정명령	시정명령
②	시정명령	개수명령	경고
③	개수명령	개수명령	시정명령
④	개수명령	시정명령	판매업무 정지 1개월
⑤	판매업무 정지 1개월	제조업무 정지 1개월	판매업무 정지 1개월

7. 〈보기〉는 「개인정보 보호법」에 따른 고객정보 처리의 방법이다. A~E가 지칭하는 영업자가 모두 개인정보처리자라고 가정했을 때, 다음 중 현행 법령에 따라 옳지 않은 발언을 한 사람은?

<보기>

A: 맞춤형화장품판매업자는 고객의 동의를 받을 때 각각의 동의사항을 구분하여 정보주체가 이를 명확하게 인지할 수 있도록 알리고 각각의 동의를 받아야 한다.

B: 맞춤형화장품판매업자는 본인의 정당한 이익을 달성하기 위하여 필요한 경우로서 명백하게 정보주체의 권리보다 우선하지 않는 경우 개인정보를 수집할 수 있다.

C: 맞춤형화장품판매업자는 당초 수집 목적과 합리적으로 관련된 범위에서 정보주체에게 불이익이 발생하는지 여부, 암호화 등 안전성 확보에 필요한 조치를 하였는지 여부 등을 고려하여 별도로 정보주체의 동의를 받아야 개인정보를 이용할 수 있다.

D: 화장품책임판매업자는 정보주체에게 법령에 따른 해당사항을 알리고 다른 개인정보의 처리에 대한 동의와 별도로 동의를 받은 경우 사상·신념, 노동조합·정당의 가입·탈퇴, 정치적 견해, 건강, 성생활 등에 관한 정보 등의 민감정보를 처리할 수 있다.

E: 화장품책임판매업자는 개인정보 수집 시 그 목적에 필요한 최소한의 개인정보를 수집하여야 하며, 이 경우 최소한의 개인정보 수집이라는 입증책임은 화장품책임판매업자가 부담한다.

① A, B ② A, C
③ B, C ④ C, D
⑤ D, E

8. 다음 중 화장품 원료의 종류와 특성에 대한 설명으로 옳은 것은?

① 실리콘오일은 표면장력이 높고 퍼발림성이 떨어지며 종류로는 다이메티콘이 있다.
② 고급지방산은 R-COOH 화학식을 가지는 물질이며 종류로는 글라이콜릭애씨드가 있다.
③ 알코올은 R-OH 화학식을 가지는 물질이며 탄소수가 적은 저급알코올에는 스테아릴알코올이 있다.
④ 왁스는 고급지방산과 고급알코올이 결합된 에스테르(Ester)를 주성분으로 하며 종류로는 라우릭 애씨드가 있다.
⑤ 점도 조절제는 제품의 안정성을 높이고 점도를 증가 또는 감소시키기 위해 사용되며 종류로는 카보머가 있다.

9. 다음 중 「화장품의 색소 종류와 색소의 기준 및 시험방법」에 따른 용어의 정의가 옳게 연결된 것은?

① 기질: 색소를 용이하게 사용하기 위하여 혼합되는 성분
② 순색소: 중간체, 희석제, 기질 등을 포함하는 순수한 색소
③ 색소: 화장품이나 피부에 색을 띠게 하는 것을 주요 목적으로 하는 성분
④ 레이크: 타르색소를 기질에 흡착, 공침 또는 화학적 결합이 아닌 단순한 혼합에 의하여 생성시킨 색소
⑤ 타르색소: 색소 중 콜타르, 그 중간생성물에서 유래되었거나 무기합성하여 얻은 색소 및 그 레이크, 염, 희석제와의 혼합물

10. 다음 〈대화〉는 맞춤형화장품 조제관리사 시험을 함께 준비하는 학생 A, B의 대화이다. 두 학생의 대화 중 현행 법령에 따른 내용으로 옳지 않은 것은?

<대화>

A: 오늘은 화장품 성분 중 알레르기 유발성분이 있는 착향제에 대하여 서로 아는대로 얘기해 보자.

B: 좋아. 내가 먼저 말할게. ㉠ 착향제는 "향료"로 표시할 수 있지만, 착향제의 구성성분 중에서 식품의약품안전처장이 고시한 25가지 알레르기 유발성분이 있는 경우는 제외야.

A: 오, 맞아! ㉡ 그럴 경우에는 해당 성분의 명칭을 기재하거나 표시해야 하지.

B: 그리고 ㉢ 25가지 알레르기 성분의 함량이 사용 후 씻어내는 제품에서 0.01% 초과, 사용 후 씻어내지 않는 제품에서 0.001% 초과하는 경우에만 성분 명칭을 기재하면 돼.

A: ㉣ 알레르기 유발성분을 제품에 표시할 때에는 당연히 화장품 원료목록 보고에도 해당 알레르기 유발성분이 포함되어 있어야 하겠지?

B: 당연하지. ㉤ 참고로 화장품제조업자는 알레르기 유발성분이 기재된 '제조증명서'나 '제품표준서'를 구비해두거나, 알레르기 유발성분이 제품에 포함되어 있음을 입증하는 제조사에서 제공한 신뢰성 있는 자료를 보관해야 해.

① ㉠
② ㉡
③ ㉢
④ ㉣
⑤ ㉤

11. 다음 〈보기〉는 화장품의 함유 성분별 사용 시 주의사항을 표시해야 하는 제품이다. 〈보기〉의 성분을 모두 함유한 제품에 반드시 표시해야 하는 주의사항으로 옳은 것은?

<보기>

- 살리실릭애씨드 및 그 염류 함유 제품
- 아이오도프로피닐부틸카바메이트(IPBC) 함유 제품

① 만 3세 이하 영유아에게는 사용하지 말 것
② 눈에 접촉을 피하고 눈에 들어갔을 때는 즉시 씻어낼 것
③ 신장 질환이 있는 사람은 사용 전에 의사, 약사, 한의사와 상의할 것
④ 「인체 적용시험 자료」에서 구진과 경미한 가려움이 보고된 예가 있음
⑤ 「인체 적용시험 자료」에서 경미한 발적, 피부건조, 화끈감, 가려움, 구진이 보고된 예가 있음

12. 다음 중 퍼머넌트 웨이브 제품 및 헤어스트레이트너 제품 사용 시의 주의사항으로 가장 적합하지 않은 것은?

① 특이체질, 생리 또는 출산 전후이거나 질환이 있는 사람 등은 사용을 피할 것
② 섭씨 20℃ 이하의 어두운 장소에 보존하고, 색이 변하거나 침전된 경우 사용하지 말 것
③ 머리카락 손상 등을 피하기 위하여 용법·용량을 지켜야 하며, 가능하면 일부에 시험적으로 사용하여 볼 것
④ 개봉한 제품은 7일 이내에 사용할 것(에어로졸 제품이나 사용 중 공기유입이 차단되는 용기 제외)
⑤ 두피·얼굴·눈·목·손 등에 약액이 묻지 않도록 유의하고, 얼굴 등에 약액이 묻었을 때는 즉시 물로 씻어낼 것

13. 맞춤형화장품 조제관리사인 미선은 매장을 방문한 고객과 다음과 같은 〈대화〉를 나누었다. 미선이 고객에게 혼합하여 추천할 제품으로 다음 〈보기〉 중 옳은 것을 모두 고르면?

<대화>

고객: 요즘 피부가 많이 건조하고 푸석해졌어요. 그리고 웃을 때마다 눈가에 주름도 많이 생기는 것 같아요.
미선: 그러신가요? 그럼 고객님 피부 상태를 측정해 보도록 할까요?
고객: 그럴까요? 지난번 방문 시와 비교해 주시면 좋겠네요.
미선: 네. 이쪽에 앉으시면 저희 측정기로 측정을 해드리겠습니다.

－피부 측정 후－

미선: 고객님은 지난번과 비교하여 피부 보습도가 20%가량 떨어져 있고 주름도 많이 보이는 상태네요.
고객: 음, 걱정이네요. 그럼 어떤 제품을 쓰는 것이 좋을지 추천 부탁드려요.

<보기>

ㄱ. 소듐하이알루로네이트(Sodium Hyaluronate) 함유 제품
ㄴ. 드로메트리졸(Drometrizole) 함유 제품
ㄷ. 아데노신(Adenosine) 함유 제품
ㄹ. 덱스판테놀(Dexpanthenol) 함유 제품

① ㄱ, ㄴ
② ㄱ, ㄷ
③ ㄱ, ㄹ
④ ㄴ, ㄷ
⑤ ㄴ, ㄹ

14. 다음 화장품 중 화장품의 위해성 등급이 다른 하나는?

① 병원미생물에 오염된 화장품
② 맞춤형화장품 조제관리사를 두지 않고 판매한 맞춤형화장품
③ 등록되지 않은 화장품책임판매업자가 수입하여 유통·판매한 화장품
④ 기능성화장품의 기능성을 나타나게 하는 주원료 함량이 기준치에 부적합한 화장품
⑤ 식품의약품안전처장이 사용할 수 없는 원료로 고시한 하이드로퀴논을 함유한 화장품

15. 다음은 맞춤형화장품 조제관리사 미선이 사용하는 제품 성분표의 일부이다. 미선이 가르치는 A, B, C, D, E 다섯 명의 학생이 해당 성분표를 분석한 후 제시한 추리로 가장 적합하지 않은 것은?

<성분표>

정제수, 치아씨추출물, (…) 글리세린, 소듐하이알루로네이트, 소듐클로라이드, 유제놀, 목화씨추출물, 부틸렌글라이콜, 베타인, 카프릴릭/카프릭트리글리세라이드, 폴리쿼터늄－51, 소듐시트레이트, 카프릴하이드록사믹애씨드, 디소듐이디티에이, 페녹시에탄올, 아밀신남알, 시트로넬올

① A: 성분표를 보아하니 이 제품은 수분크림일 가능성도 있겠어.
② B: 성분표 중 페녹시에탄올은 보존제로 사용되고 있을 거야.
③ C: 저 중에서 착향제로 쓰이는 시트로넬올은 알레르기 유발성분 25종 중 하나일 거야.
④ D: 이 화장품에서 베타인은 보습제로 쓰이고 있어.
⑤ E: 여기에 항산화 효과를 주기 위해 부틸렌글라이콜을 넣었나봐.

16. 다음 중 화장품의 안전성에 대한 설명으로 옳지 않은 것은?

① 유해사례는 반드시 당해 화장품과의 인과관계가 있어야 한다.

② 선천적 기형 또는 이상을 초래하는 경우 중대한 유해사례에 해당한다.

③ 입원 또는 입원기간의 연장이 필요한 경우는 중대한 유해사례에 해당한다.

④ 지속적 또는 중대한 불구나 기능저하를 초래하는 경우 중대한 유해사례에 해당한다.

⑤ 안전성 정보는 화장품과 관련하여 국민보건에 직접 영향을 미칠 수 있는 안전성·유효성에 관한 새로운 자료, 유해사례 정보 등을 말한다.

17. 다음 중 「천연화장품 및 유기농화장품의 기준에 관한 규정」 [별표 3]에 따라 천연원료에서 석유화학 용제를 이용하여 추출하는 원료 중 천연화장품에만 사용할 수 있는 원료로 옳은 것은?

① 베타인 ② 오리자놀
③ 앱솔루트 ④ 카로티노이드
⑤ 피토스테롤

18. 다음은 맞춤형화장품 조제관리사 미선이 고객에게 만들어준 화장품 성분표의 일부이다. 고객이 해당 성분에 대한 설명을 요구하였을 때 미선이 해야 할 답변으로 옳지 않은 것은?

<성분표>

정제수, 부틸렌글라이콜, ㉠ 코코넛오일, 글리세린, ㉡ 소듐라우릴설페이트, 포타슘하이드록사이드, 시어버터, ㉢ 칼슘카보네이트, ㉣ 페녹시이소프로판올, ㉤ 시트랄

① ㉠: 피부 친화성이 우수한 식물성 오일이며 수분 증발을 막아 보습작용을 합니다.

② ㉡: 기포 형성작용과 세정력이 우수한 음이온성 계면활성제 성분입니다.

③ ㉢: 제품의 사용성, 퍼짐성, 부착성, 흡수성, 광택 등을 조성하는 데 사용되는 유기계 착색 안료 성분입니다.

④ ㉣: 보존제로 사용되었으며 사용 후 씻어내는 제품에만 들어갈 수 있습니다.

⑤ ㉤: "향료"로 표시하기 위해서는 사용 후 씻어내는 제품에는 0.01% 이하로 들어가야 합니다.

19. 맞춤형화장품 조제관리사 미선은 화장품책임판매업자로부터 다음과 같은 내용물 및 원료를 납품받았다. 다음 목록에 따라 미선이 조제할 수 있는 맞춤형화장품의 구성으로 옳은 것은?

〈납품받은 내용물의 목록〉

내용물	주요 성분
A	정제수, 세라마이드, 소듐코코암포아세테이트, 세틸알코올, 아데노신, 녹차추출물, 카보머
B	정제수, 아데노신, 1,2-헥산디올, 소듐하이알루로네이트, 스테아릭애씨드, 석류추출물, 알킬베타인
C	정제수, 부틸렌글라이콜, 벤잘코늄클로라이드, 로즈힙오일, 폴리아크릴아마이드, 아미트롤

〈납품받은 원료의 목록〉

안트라센오일, 비치오놀, 벤조일퍼옥사이드, 잔토필, 아다팔렌

① 내용물 A에 안트라센오일을 혼합한 맞춤형화장품

② 내용물 B에 비치오놀을 혼합한 맞춤형화장품

③ 내용물 C에 벤조일퍼옥사이드를 혼합한 맞춤형화장품

④ 내용물 A와 B를 혼합한 후 잔토필을 혼합한 맞춤형화장품

⑤ 내용물 B와 C를 혼합한 후 아다팔렌을 혼합한 맞춤형화장품

20. 다음 중 안전용기를 사용하여야 하는 품목으로 옳은 것은?

① 일회용 제품
② 압축 분무용기 제품
③ 용기 입구 부분이 펌프로 작동되는 분무용기 제품
④ 용기 입구 부분이 방아쇠로 작동되는 분무용기 제품
⑤ 개별포장당 메틸 살리실레이트를 5% 이상 함유하는 액체 상태의 제품

21. 다음 〈보기〉는 「화장품 사용할 때의 주의사항 및 알레르기 유발성분 표시에 관한 규정」에 따른 화장품 유형별 사용할 때의 주의사항이다. 제품과 주의사항의 연결이 올바르지 않은 것을 모두 고른 것은?

<보기>

ㄱ. 탈염·탈색제 – 면도 직후에는 사용하지 말 것
ㄴ. 체취 방지용 제품 – 털을 제거한 직후에는 사용하지 말 것
ㄷ. 손·발의 피부연화 제품 – 만 3세 이하의 영유아에게는 사용하지 말 것
ㄹ. 두발용, 두발염색용 및 눈 화장용 제품류 – 눈에 들어갔을 때에는 즉시 씻어낼 것
ㅁ. 고압가스를 사용하지 않는 분무형 자외선 차단제 – 사용 후 물로 씻어내지 않으면 탈모의 원인이 될 수 있으므로 주의할 것
ㅂ. 염모제 – 용기를 버릴 때는 반드시 뚜껑을 열어서 버릴 것
ㅅ. 퍼머넌트 웨이브 제품 및 헤어스트레이트너 제품 – 개봉한 제품은 7일 이내에 사용할 것

① ㄱ, ㄹ　② ㄷ, ㅁ
③ ㄱ, ㄴ, ㄹ　④ ㄴ, ㅂ, ㅅ
⑤ ㄷ, ㅁ, ㅅ

22. 다음 〈보기〉의 ㉠, ㉡에 들어갈 숫자가 순서대로 올바르게 짝지어진 것은?

<보기>

기능성화장품 기준 및 시험방법 [별표 1] 통칙
- 시험조작을 할 때 「직후」 또는 「곧」이란 보통 앞의 조작이 종료된 다음 (㉠)초 이내에 다음 조작을 시작하는 것을 말한다.
- 검체의 채취량에 있어서 「약」이라고 붙인 것은 기재된 양의 ±(㉡)%의 범위를 뜻한다.

	㉠	㉡
①	10	10
②	20	5
③	30	10
④	10	5
⑤	20	10

23. 다음 중 「화장품 안전기준 등에 관한 규정」 [별표 2]에 따라 제품의 품질과 안전을 위해서 제한적으로 허용되는 보존제 성분으로 옳지 않은 것은?

① 프로파진
② 메텐아민
③ 벤질헤미포름알
④ 메칠이소치아졸리논
⑤ 무기설파이트 및 하이드로젠설파이트류

24. 다음 중 맞춤형화장품에 사용할 수 없는 자외선 차단성분의 원료명과 사용 한도가 올바르게 나열된 것은?

① 옥시벤존, 3%
② 시녹세이트, 10%
③ 드로메트리졸, 3%
④ 호모살레이트, 5%
⑤ 디에칠헥실부타미도트리아존, 10%

25. 다음 중 회수대상 화장품의 위해성 등급이 다 등급에 해당하는 것은?

① 안전용기·포장기준에 위반되는 화장품
② 유통화장품 안전관리기준에 적합하지 않은 화장품
③ 화장품의 제조 등에 사용할 수 없는 원료를 사용한 화장품
④ 보존제, 색소, 자외선차단제 등 사용기준이 지정·고시된 원료 외의 사용할 수 없는 원료를 사용한 화장품
⑤ 이물이 혼입되었거나 부착된 화장품 중 보건위생상 위해를 발생할 우려가 있는 화장품

26. 다음 〈보기〉는 화장품 위해평가 4단계의 일부이다. ㉠, ㉡에 들어갈 용어가 순서대로 나열된 것은?

<보기>

• (㉠): 화장품의 사용으로 인해 위해요소에 노출되는 양 또는 노출수준을 정량적 또는 정성적으로 산출하는 과정
• (㉡): 위해요소 및 이를 함유한 화장품의 사용에 따른 건강상 영향을 인체노출허용량 및 노출수준을 고려하여 사람에게 미칠 수 있는 위해의 정도와 발생빈도 등을 정량적으로 예측하는 과정

	㉠	㉡
①	위험성 확인	위험성 결정
②	위험성 확인	위해도 결정
③	위험성 결정	위해도 결정
④	노출평가	위험성 결정
⑤	노출평가	위해도 결정

27. 다음 〈보기〉에서 착향제의 구성 성분 중 알레르기 유발성분의 표기가 올바르지 않은 것을 모두 고른 것은?

<보기>

ㄱ. 성분 A, 성분 B, 벤질살리실레이트(향료), 참나무이끼추출물(향료)
ㄴ. 성분 A, 성분 B, 향료(벤질살리실레이트, 참나무이끼추출물)
ㄷ. 성분 A, 성분 B, 향료, 벤질살리실레이트, 참나무이끼추출물
ㄹ. 성분 A, 성분 B, 벤질살리실레이트, 참나무이끼추출물, 향료
ㅁ. 성분 A, 벤질살리실레이트, 참나무이끼추출물, 성분 B, 향료

① ㄱ, ㄴ　② ㄱ, ㄷ
③ ㄴ, ㄷ　④ ㄴ, ㄹ
⑤ ㄹ, ㅁ

28. 다음 〈보기〉 중 「화장품 안전기준 등에 관한 규정」에 따른 비의도적 유래 물질의 검출허용 한도 중 물휴지에서의 검출허용 한도가 따로 지정되어 있는 물질은?

<보기>

수은, 카드뮴, 비소, 안티몬, 니켈, 납, 디옥산, 메탄올, 포름알데하이드, 프탈레이트류

① 메탄올, 포름알데하이드
② 디옥산, 비소
③ 카드뮴, 안티몬
④ 수은, 프탈레이트류
⑤ 니켈, 납

29. **다음 중 화장품의 포장재에 대한 설명으로 옳지 않은 것은?**

① 화장품의 용기는 밀폐용기, 기밀용기, 밀봉용기, 차광용기로 나눌 수 있다.

② 1차 포장이란 화장품 제조 시 외부와 직접 접촉하는 포장용기를 말한다.

③ 표시란 화장품의 용기·포장에 기재하는 문자·숫자·도형 또는 그림 등을 말한다.

④ 포장재에 필요한 품질 특성에는 품질 유지성, 기능성, 적정 포장성, 경제성 및 판매 촉진성 등이 있다.

⑤ 일회용 제품, 용기 입구 부분이 펌프 또는 방아쇠로 작동되는 분무용기 제품, 압축 분무용기 제품은 안전용기·포장 제외 제품에 속한다.

30. **다음은 「화장품 안전기준 등에 관한 규정」 [별표 4]에 따라 미생물한도를 시험하기 위한 총호기성 생균수시험법을 표로 설명한 것이다. ㉠~㉥에 들어갈 숫자를 모두 더한 것은?**

세균수 시험	• 변형레틴액체배지, 변형레틴한천배지 또는 대두카제인소화한천배지 • (㉠)~(㉡)℃에서 적어도 (㉢)시간 배양 • 평판당 300개 이하의 균집락을 최대치로 하여 총 세균수를 측정
진균수 시험	• 항생물질 첨가 포테이토 덱스트로즈 한천배지 또는 항생물질 첨가 사브로 포도당한천배지 • (㉣)~(㉤)℃에서 적어도 (㉥)일간 배양 • 100개 이하의 균집락이 나타나는 평판을 세어 총 진균수를 측정

① 123　② 133
③ 143　④ 153
⑤ 163

31. **다음 중 내용량이 10mL 초과 50mL 이하 또는 중량이 10g 초과 50g 이하 화장품의 2차 포장에 기재·표시해야 하는 사항에 대한 설명으로 적절한 것은?**

① 금박은 화장품 내용량에 함유된 비율이 1% 미만인 경우 기재·표시를 생략할 수 있다.

② 기능성화장품의 효능·효과가 나타나게 하는 원료는 기재·표시를 생략할 수 없다.

③ 제조과정 중에 제거되어 최종 제품에는 남아 있지 않은 성분도 기재·표시해야 한다.

④ 타르색소는 화장품 내용량의 5% 미만으로 함유되어 있을 경우 기재·표시를 생략할 수 있다.

⑤ 안정화제, 보존제 등 원료 자체에 들어 있는 부수 성분으로서 그 효과가 나타나게 하는 양보다 적은 양이 들어 있는 성분은 기재·표시해야 한다.

32. **다음 〈보기〉는 「화장품 안전기준 등에 관한 규정」에 따른 내용량의 기준에 대한 설명이다. ㉠~㉢에 들어갈 단어가 올바르게 나열된 것은?**

<보기>

• 제품 (㉠)를 가지고 시험할 때 그 평균 내용량이 표기량에 대하여 (㉡) 이상이어야 한다.
• 다만, 화장비누의 경우 (㉢)을 내용량으로 한다.
• 기준치를 벗어난 경우: 6개를 더 취하여 시험할 때 9개의 평균 내용량이 (㉡) 이상이어야 한다.
• 그 밖의 특수한 제품: 「대한민국약전」(식품의약품안전처고시)을 따른다.

	㉠	㉡	㉢
①	3개	95%	건조중량
②	3개	95%	총중량
③	3개	97%	건조중량
④	5개	97%	총중량
⑤	5개	95%	건조중량

33. 다음 중 호수별로 착색제가 다르게 사용된 경우 모든 착색제 성분을 함께 기재·표시할 수 있는 제품류에 해당하지 않는 것은?

① 기초화장용 제품류
② 손발톱용 제품류
③ 눈 화장용 제품류
④ 두발염색용 제품류
⑤ 색조 화장용 제품류

34. 다음 〈보기〉는 「우수화장품 제조 및 품질관리기준 해설서」의 일부이다. 유지관리에 대한 각 용어와 설명이 올바르게 연결된 것은?

<보기>

㉠ 주요 설비(제조탱크, 충전설비, 타정기 등) 및 시험장비에 대하여 실시하며, 정기적으로 교체하여야 하는 부속품들에 대하여 연간 계획을 세워서 시정 실시(망가지고 나서 수리하는 일)를 하지 않는 것을 원칙으로 한다.
㉡ 설비 고장 발생 시의 긴급점검이나 수리를 뜻한다.
㉢ 제품의 품질에 영향을 줄 수 있는 계측기(생산설비 및 시험설비)에 대하여 정기적으로 계획을 수립하여 실시하며, 사용 전 검교정(Calibration) 여부를 확인하여 제조 및 시험의 정확성을 확보하여야 한다.

	㉠	㉡	㉢
①	예방적 활동	정기 검교정	유지보수
②	예방적 활동	유지보수	정기 검교정
③	유지보수	정기 검교정	예방적 활동
④	유지보수	예방적 활동	정기 검교정
⑤	정기 검교정	유지보수	예방적 활동

35. 다음 〈보기〉 중 화장품제조업자가 시설의 일부를 갖추지 아니할 수 있는 것은?

<보기>

가. 원료·자재 및 제품을 보관하는 보관소
나. 쥐·해충 및 먼지 등을 막을 수 있는 시설
다. 가루가 날리는 작업이 있는 경우 가루를 제거하는 시설
라. 품질검사를 위탁하는 경우 품질검사를 위하여 필요한 시험실
마. 품질검사를 위탁하는 경우 품질검사를 위하여 필요한 시설 및 기구
바. 화장품의 일부 공정만을 제조하는 경우 해당 공정에 필요한 시설 및 기구

① 나, 다
② 라, 마
③ 가, 나, 다
④ 나, 다, 바
⑤ 라, 마, 바

36. 다음 원료 및 내용물의 보관관리에 대한 설명 중 가장 적합한 것은?

① 원료 수급처의 사용기한을 준수하여 보관기한을 설정해야 한다.
② 재평가 방법을 확립해 두면 보관기한이 지난 원료를 재평가해서 사용할 수 없다.
③ 재평가 시스템을 통해 보관기한이 경과한 경우 재사용하도록 규정해야 한다.
④ 사용기한 내에서 자체적인 재시험기간과 최소 보관기한을 설정·준수해야 한다.
⑤ 설정된 보관기한이 지나면 사용의 적절성을 결정하기 위해 재평가시스템을 확립해야 한다.

37. 다음 중 화장품 작업장 내 직원의 위생관리로 적절하지 않은 것은?

① 작업 전 복장을 점검하고 적절하지 않을 경우는 시정한다.
② 음식, 음료수 및 흡연구역 등은 제조 및 보관 지역과 분리된 지역에서만 섭취하거나 흡연해야 한다.
③ 제조구역별 접근권한이 있는 작업원 및 방문객은 가급적 제조, 관리 및 보관구역 내에 들어가지 않도록 한다.
④ 신규 직원에 대하여 위생교육을 실시하며, 기존 직원에 대해서도 정기적으로 교육을 실시해야 한다.
⑤ 피부에 외상이 있거나 질병에 걸린 직원은 건강이 양호해지거나 화장품의 품질에 영향을 주지 않는다는 의사의 소견이 있기 전까지는 화장품과 직접적으로 접촉되지 않도록 격리되어야 한다.

38. 다음 〈보기〉 중 완제품 보관용 검체에 대해 가장 바르게 설명한 것을 모두 고른 것은?

<보기>

ㄱ. 제조단위별로 사용기한 경과 후 1년간 보관한다.
ㄴ. 제품이 가장 안전한 조건에서 보관한다.
ㄷ. 뱃치가 두 개인 경우 한 개의 뱃치 검체를 대표로 보관할 수 있다.
ㄹ. 개봉 후 사용기간을 기재하는 경우에는 제조일로부터 2년간 보관한다.
ㅁ. 일반적으로는 각 뱃치별로 제품 시험을 5번 실시할 수 있는 양을 보관한다.

① ㄱ, ㄴ
② ㄱ, ㄴ, ㄷ
③ ㄴ, ㄹ, ㅁ
④ ㄷ, ㄹ, ㅁ
⑤ ㄱ, ㄷ, ㄹ, ㅁ

39. 다음 중 「우수화장품 제조 및 품질관리기준 해설서」에 따라 원료와 포장재의 적절한 보관관리를 위한 고려사항으로 옳지 않은 것은?

① 물질의 특징 및 특성에 맞도록 보관·취급되어야 한다.
② 보관 조건은 각각의 원료와 포장재에 적합하여야 한다.
③ 원료와 포장재가 재포장될 때, 새로운 용기에는 원래와 다른 라벨링이 있어야 한다.
④ 과도한 열기, 추위, 햇빛 또는 습기에 노출되어 변질되는 것을 방지할 수 있어야 한다.
⑤ 원료 및 포장재의 관리는 물리적 격리(Quarantine) 등의 방법을 통해 의심스러운 물질의 허가되지 않은 사용을 방지할 수 있어야 한다.

40. 다음 중 화장품 포장의 기재·표시 및 가격표시상의 준수사항으로 적절하지 않은 것은?

① 화장품의 포장에는 한자 또는 외국어를 함께 기재할 수 있다.
② 수출용 제품 등의 경우 그 수출 대상국의 언어로 적을 수 있다.
③ 읽기 쉽고 이해하기 쉬운 한글로 정확히 기재·표시하여야 한다.
④ 화장품의 성분을 표시하는 경우 표준화된 일반명을 사용해야 한다.
⑤ 화장품의 가격은 화장품제조업자가 판매하려는 가격을 표시하여야 한다.

41. 다음 〈보기〉 중 「화장품 안전기준 등에 관한 규정」에 따라 유통화장품의 비의도적 유래 물질의 검출 허용한도 및 미생물한도 등 유통화장품의 안전관리 기준에 적합하지 않은 것을 모두 고른 것은?

<보기>

ㄱ. 디옥산 50㎍/g
ㄴ. 황색포도상구균 10개/g(mL)
ㄷ. 비소 5㎍/g
ㄹ. 카드뮴 3㎍/g
ㅁ. 안티몬 20㎍/g

① ㄱ, ㄷ
② ㄴ, ㅁ
③ ㄱ, ㄴ, ㅁ
④ ㄴ, ㄹ, ㅁ
⑤ ㄱ, ㄴ, ㄷ, ㄹ

42. 다음 중 청정도 등급에 따른 작업실과 관리기준이 올바르게 연결된 것은?

① 제조실 – 낙하균 30개/hr 또는 부유균 20개/㎥
② 포장실 – 낙하균 30개/hr 또는 부유균 200개/㎥
③ 일반 시험실 – 낙하균 10개/hr 또는 부유균 100개/㎥
④ 원료 칭량실 – 낙하균 20개/hr 또는 부유균 200개/㎥
⑤ 내용물 보관소 – 낙하균 30개/hr 또는 부유균 200개/㎥

43. 다음 중 「화장품 안전기준 등에 관한 규정」에 따라 화장품을 제조할 때 비의도적으로 유래된 사실이 객관적인 자료로 확인되고 기술적으로 완전한 제거가 불가능한 경우 해당 물질의 검출 허용 한도 기준으로 옳은 것은?

① 비소: 5㎍/g 이하
② 메탄올: 0.002(v/v)% 이하, 물휴지는 0.2%(v/v) 이하
③ 납: 점토를 원료로 사용한 분말제품 50㎍/g 이하, 그 밖의 제품은 20㎍/g 이하
④ 니켈: 눈 화장용 제품은 35㎍/g 이하, 색조 화장용 제품은 40㎍/g 이하, 그 밖의 제품은 20㎍/g 이하
⑤ 프탈레이트류(디부틸프탈레이트, 부틸벤질프탈레이트 및 디에칠헥실프탈레이트에 한함): 총합으로서 300㎍/g 이하

44. 다음 〈보기〉 중 「우수화장품 제조 및 품질관리기준」에 따른 용어의 정의가 옳은 것을 모두 고른 것은?

<보기>

ㄱ. '제조단위'란 하나의 공정이나 일련의 공정으로 제조되어 균질성을 갖는 화장품의 일정한 분량을 말한다.
ㄴ. '유지관리'란 원료 물질의 칭량부터 혼합, 충전(1차포장), 2차포장 및 표시 등의 일련의 작업을 말한다.
ㄷ. '관리'란 적합 판정 기준을 충족시키는 검증을 말한다.
ㄹ. '일탈'이란 제품이 적합 판정 기준에 충족될 것이라는 신뢰를 제공하는 데 필수적인 모든 계획되고 체계적인 활동을 말한다.
ㅁ. '공정관리'란 제조공정 중 적합판정기준의 충족을 보증하기 위하여 공정을 모니터링하거나 조정하는 모든 작업을 말한다.
ㅂ. '회수'란 제조 및 품질과 관련한 결과가 계획된 사항과 일치하는지의 여부와 제조 및 품질관리가 효과적으로 실행되고, 목적 달성에 적합한지 여부를 결정하기 위한 체계적이고 독립적인 조사를 말한다.
ㅅ. '불만'이란 제품이 규정된 적합판정기준을 충족시키지 못한다고 주장하는 내부 정보를 말한다.

① ㄱ, ㄴ, ㄷ
② ㄱ, ㄴ, ㄹ
③ ㄱ, ㄷ, ㅁ
④ ㄴ, ㄹ, ㅂ
⑤ ㄴ, ㅂ, ㅅ

45. **유통화장품의 포장 관리에 대한 설명으로 적절하지 않은 것은?**

① 화장품 포장공정은 반제품을 용기에 충전하고 포장하는 공정이다.

② 화장품바코드 표시는 국내에서 화장품을 유통·판매하고자 하는 화장품책임판매업자가 한다.

③ 포장작업을 시작하기 전에 포장작업 관련 문서의 완비 여부, 포장설비의 청결 및 작동 여부 등을 점검하여야 한다.

④ 제품을 제조·수입 또는 판매하는 자는 폴리비닐클로라이드를 사용하여 첩합, 수축포장 또는 코팅한 포장재를 사용해서는 안 된다.

⑤ 종합제품으로서 복합합성수지재질, 폴리비닐클로라이드재질 또는 합성섬유재질로 제조된 받침접시 또는 포장용 완충재를 사용한 제품의 포장공간비율은 20% 이하로 한다.

46. **다음 중 「우수화장품 제조 및 품질관리기준 해설서」에 따른 원료 및 내용물의 입고관리에 대한 설명으로 옳지 않은 것은?**

① 입고 시 구매요구서, 인도문서, 인도물이 서로 일치해야 한다.

② 한 번에 입고된 원료와 내용물은 입고날짜별로 각각 구분하여 관리하여야 한다.

③ 입고된 원료 및 내용물은 검사중, 적합, 부적합에 따라 각각의 구분된 공간에 별도로 보관되어야 한다.

④ 입고절차 중 육안 확인 시 물품에 결함이 있을 경우 입고를 보류하고 격리보관 및 폐기하거나 원자재 공급업자에게 반송하여야 한다.

⑤ 모든 원료와 내용물은 화장품책임판매업자가 정한 기준에 따라서 품질을 입증할 수 있는 검증자료를 공급자로부터 공급받아야 한다.

47. **〈보기〉는 설비기구 세척 및 소독관리를 위한 세척 여부의 판정방법에 대한 설명이다. 다음 밑줄 친 ㉠~㉥ 중 내용상 적절하지 않은 것을 모두 고른 것은?**

<보기>

세척 후에는 반드시 "판정"을 실시하며, 판정방법에는 육안판정, 닦아내기 판정, 린스정량이 있다. ㉠ 육안판정을 할 수 없는 부분의 판정에는 닦아내기 판정을 실시하고, 닦아내기 판정을 실시할 수 없으면 린스정량을 실시하면 된다.
먼저 ㉡ 육안판정은 판정 장소를 미리 정해 놓고 판정 결과를 기록서에 기재한다. 판정 장소는 말보다 그림으로 제시해 놓는 것이 바람직하다.
닦아내기판정은 천(무진포)으로 설비 내부의 표면을 닦아내고 천 표면의 잔류물 유무로 세척 결과를 판정한다. ㉢ 오염도를 빠르게 파악하기 위해 흰 천보다는 검은 천의 사용을 권장한다. ㉣ 천의 크기나 닦아내기 판정의 방법은 대상 설비에 따라 다르므로 각 회사에서 결정할 수밖에 없다.
린스정량은 상대적으로 복잡한 방법이지만 수치로서 결과를 확인할 수 있다. 또한 ㉤ 잔존하는 불용물을 정량할 수 있으므로 신뢰도가 높다고 할 수 있다. ㉥ 호스나 틈새기의 세척 판정에는 적합하므로 반드시 절차를 준비해 두고 필요할 때에 실시한다.

① ㉠, ㉢　② ㉠, ㉤
③ ㉡, ㉥　④ ㉢, ㉤
⑤ ㉣, ㉥

48. 다음은 스킨 제품의 평판희석법에 따른 총호기성생균수 시험법의 예시이다. ㉠, ㉡에 들어갈 숫자와 단어가 올바르게 짝지어진 것은?

<검사 조건>

- 검체의 내용물은 10배 희석액으로 만들어 사용한다.
- 검액 1mL를 각 배지에 접종한다.
- 시험을 2회 반복해서 시행한다.
- 평판당 300개 이하의 CFU를 최대치로 하여 총세균수를 측정한다.
- 평판당 100개 이하의 CFU를 최대치로 하여 총진균수를 측정한다.

<시험 결과>

	각 배지에서 검출된 집락수	
	평판 1	평판 2
세균용 배지	66	58
진균용 배지	28	24

<결과 해석>

시험 결과 총호기성생균수는 (㉠)개이며 판정결과 (㉡)이다.

	㉠	㉡
①	88	적합
②	880	부적합
③	880	적합
④	8880	부적합
⑤	8880	적합

49. 다음 중 화장품제조업자의 작업소에 적합한 시설기준으로 옳지 않은 것은?

① 제품의 품질에 영향을 주지 않는 소모품을 사용해야 한다.
② 화장실과 수세실은 접근이 쉬워야 하므로 생산구역에 설치한다.
③ 제조하는 화장품의 종류·제형에 따라 적절히 구획·구분되어 있어 교차오염 우려가 없도록 한다.
④ 제품의 오염을 방지하고 적절한 온도 및 습도를 유지할 수 있는 공기조화시설 등 적절한 환기시설을 갖추어야 한다.
⑤ 작업소 전체에 적절한 조명을 설치하고, 조명이 파손될 경우를 대비한 제품을 보호할 수 있는 처리절차를 마련해야 한다.

50. 다음 중 원료 및 내용물의 칭량 방법에 대한 설명으로 옳지 않은 것은?

① 칭량장치의 오차 허용도는 칭량에서 허락된 오차 허용도보다 커서는 안 된다.
② 원료 및 내용물의 용기들은 칭량 구역에서 개봉 전에 검사하고 깨끗하게 해야 한다.
③ 칭량한 원료를 넣는 용기의 내부 및 외부의 청결 여부를 닦아내기 판정으로 확인한다.
④ 칭량하기 전 사용되는 저울의 검교정 유효기간을 확인하고 일일점검을 실시한 후에 칭량작업을 수행한다.
⑤ 칭량작업은 2명으로 작업하는 것이 권장되나 자동기록계가 붙어있는 천칭 등을 사용했을 경우에는 1명이 작업할 수 있다.

51. 다음 중 재작업의 처리에 대한 설명으로 옳지 않은 것은?

① 재작업 처리 실시의 결정은 품질보증 책임자가 실시한다.
② 재작업 실시 시에는 발생한 모든 일들을 품질관리기록서에 기록한다.
③ 재작업한 제품은 제품 실험, 제품 분석 및 제품 안정성시험을 실시한다.
④ 재작업품은 품질보증 책임자의 승인을 얻기 전까지는 다음 공정에 사용 및 출하할 수 없다.
⑤ 재작업 전의 품질이나 재작업 공정의 적절함 등을 고려하여 제품 품질에 악영향을 미치지 않는 것을 재작업 실시 전에 예측한다.

52. **다음 중 설비 가동에 대한 설명으로 적절하지 않은 것은?**

① 입장제한, 가동열쇠 설치, 철저한 사용제한 등을 실시한다.

② 모든 제조 관련 설비는 승인된 자만이 접근·사용해야 한다.

③ 설비의 가동조건을 변경했을 때는 충분한 변경 기록을 남긴다.

④ 설비는 품질보증 책임자가 허가한 사람 이외의 사람이 가동해서는 안 된다.

⑤ 자동시스템일 경우 제조조건이나 제조기록이 마음대로 변경되는 일이 없도록 액세스 제한 및 고쳐쓰기 방지 대책을 시행한다.

53. **다음은 맞춤형화장품 조제관리사가 화장품 책임판매업자로부터 받은 선로션 제품의 품질성적서의 일부이다. 시험 결과가 유통화장품의 안전기준에 적합하지 않은 항목은?**

〈품질성적서〉

시험 항목	시험 결과
징크옥사이드	20%
옥토크릴렌	15%
페녹시에탄올	0.5%
수은	0.1㎍/g
총호기성 생균수	550개/g

① 수은 ② 옥토크릴렌
③ 페녹시에탄올 ④ 징크옥사이드
⑤ 총호기성 생균수

54. **다음은 맞춤형화장품 조제관리사 미선과 고객의 〈대화〉이다. 〈성분표〉를 참고하였을 때, 빈칸에 들어갈 미선이 고객에게 추천해줄 화장품 성분에 대한 설명으로 가장 적절한 것은?**

<대화>

미선: 안녕하세요. 무엇을 도와드릴까요?

고객: 친구 추천으로 다른 매장에서 주름 개선에 효과가 있다는 화장품을 구매해서 현재 3개월 정도 사용하고 있는데 마음에 들지 않아서요. 상담을 좀 받을 수 있을까요?

미선: 네, 혹시 어떤 점이 마음에 들지 않으신 건가요?

고객: 음… 우선 피부에 주름이 늘어나는 것 같고, 효과도 없는 것 같아요. 사용할수록 피부가 건조해지는 것 같고, 뾰루지도 생기고, 피부가 붉어지는 현상도 나타나고 있어요.

미선: 네, 그러시군요. 고객님이 현재 사용하시는 화장품의 포장을 주시면 제가 성분을 확인해보겠습니다.

<성분표>
정제수, 글리세린, 세라마이드, 소듐하이알루로네이트, 리모넨, 스테아릭애씨드, 벤질알코올, 알부틴, 폴리에톡실레이티드레틴아마이드, 부틸렌글라이콜, 참깨오일

미선: 확인했습니다.
이 화장품은 ( )

① 주름 개선 성분이 없습니다.

② 알부틴이 함유되어 있어 부작용이 있을 수 있습니다.

③ 리모넨이 함유되어 있어 알레르기를 유발할 수 있습니다.

④ 참깨오일이 함유되어 있어 알레르기를 유발할 수 있습니다.

⑤ 소듐하이알루로네이트가 함유되어 있어 알레르기를 유발할 수 있습니다.

55. **맞춤형화장품 조제관리사를 준비하는 학생 A~E가 다음의 〈성분표〉를 분석한 후 특정 성분을 동일한 효능을 가진 다른 성분으로 대체하고자 한다. 다른 성분으로의 대체가 잘못된 사람만을 모두 고른 것은?**

<성분표>

정제수, 솔비톨, 라놀린, 벤질알코올, Disodium EDTA, 덱스트린

<대화>

A: 먼저 솔비톨을 글리세린으로 바꿀 수 있어.
B: 라놀린은 비즈 왁스로 대체할 수 있을거야.
C: 에어로졸 제품이라면 벤질알코올을 클로로부탄올로 바꿀거야.
D: 저기에서 덱스트린은 카제인으로 대체 가능해.
E: Disodium EDTA을 쿼터늄-15로 바꿀 수 있어.

① A, B
② A, D
③ B, C
④ C, E
⑤ D, E

56. **다음 〈보기〉는 박영 코스메틱의 신제품 출시에 앞서 자가 평가를 위해 소비자 30명을 대상으로 진행한 관능평가의 지시사항이다. 〈분석〉의 ㉠~㉢에 들어갈 단어가 올바르게 나열된 것은?**

<보기>

- 동일한 공병에 들어 있는 핸드크림인 A 제품과 B 제품을 손에 도포하시오.
- 도포 5분 후 A와 B 중에 더 선호하는 제품과 그 이유를 설문지에 함께 기입하시오.

<분석>

위의 지시서는 (㉠)을 대상으로 하여 (㉡) 방식으로 제품의 (㉢)를 조사하는 관능평가의 방법이다.

	㉠	㉡	㉢
①	전문가	맹검	효능
②	일반인	비맹검	선호도
③	전문가	비맹검	효능
④	일반인	맹검	선호도
⑤	전문가	맹검	선호도

57. **「맞춤형화장품 조제관리사 교수학습가이드」에 따라 맞춤형화장품의 혼합 및 소분에 사용되는 기기 중 〈보기〉에서 설명하는 기기의 명칭으로 옳은 것은?**

<보기>

- 내용물 또는 특정 성분의 온도를 올릴 때 사용되는 기기
- 랩히터(lab heater)라고도 불림

① 핫플레이트(hot plate)
② pH 미터(pH meter)
③ 헤라(hera)
④ 오버헤드스터러(over head stirrer)
⑤ 경도계(rheometer)

58. **다음 중 「화장품법 시행규칙」 제19조에 따라 맞춤형화장품의 포장에 기재·표시하여야 하는 사항이 아닌 것은?**

① 식품의약품안전처장이 정하는 바코드
② 인체 세포·조직 배양액이 들어있는 경우 그 함량
③ 기능성화장품의 경우 심사받거나 보고한 효능·효과, 용법·용량
④ 성분명을 제품 명칭의 일부로 사용한 경우 그 성분명과 함량(방향용 제품 제외)
⑤ 화장품에 천연 또는 유기농으로 표시·광고하려는 경우에는 원료의 함량

59. 다음 〈보기〉는 맞춤형화장품 조제관리사 자격시험을 준비하는 학생의 필기노트의 일부이다. 현행법에 따른 내용으로 올바르지 않은 것을 모두 고른 것은?

<보기>

✓ 맞춤형화장품 조제관리사 자격시험

- 맞춤형화장품 조제관리사가 되려는 사람은 화장품과 원료 등에 대하여 ㉠ 식품의약품안전처장이 실시하는 자격시험에 합격하여야 한다.
- 식품의약품안전처장은 거짓이나 그 밖의 부정한 방법으로 자격시험에 응시한 사람 또는 자격시험에서 부정행위를 한 사람에 대하여는 그 자격시험을 정지시키거나 합격을 무효로 한다. 이 경우 ㉡ 자격시험이 정지되거나 합격이 무효가 된 사람은 그 처분이 있은 날부터 3년간 자격시험에 응시할 수 없다.
- 식품의약품안전처장은 자격시험의 관리 및 자격증 발급 등에 관한 업무를 효과적으로 수행하기 위하여 필요한 전문인력과 시설을 갖춘 기관 또는 단체를 시험운영기관으로 지정하여 시험업무를 위탁할 수 있다.

✓ 맞춤형화장품 조제관리사의 결격사유

다음의 어느 하나에 해당하는 자는 맞춤형화장품 조제관리사가 될 수 없다.

- 「정신건강증진 및 정신질환자 복지서비스 지원에 관한 법률」에 따른 정신질환자
  ※ 전문의가 맞춤형화장품 조제관리사로서 적합하다고 인정하는 사람 제외
- 「마약류 관리에 관한 법률」에 따른 마약류의 중독자
- ㉢ 피성년후견인 또는 파산선고를 받고 복권되지 아니한 자
- ㉣ 공중의 위생에 영향을 미칠 수 있는 감염병 환자로서 보건복지부령이 정하는 자
- 「화장품법」 또는 「보건범죄 단속에 관한 특별조치법」을 위반하여 금고 이상의 형을 선고받고 그 집행이 끝나지 아니하거나 그 집행을 받지 아니하기로 확정되지 아니한 자
- ㉤ 맞춤형화장품 조제관리사의 자격이 취소된 날부터 1년이 지나지 아니한 자

① ㉠, ㉡, ㉢　② ㉡, ㉢, ㉣
③ ㉡, ㉣, ㉤　④ ㉢, ㉣, ㉤
⑤ ㉠, ㉡, ㉣, ㉤

60. 다음 성분 중 화장품책임판매업자가 0.5% 이상 함유하는 제품의 안정성시험 자료를 보관기간 동안 보존해야 하는 성분이 아닌 것은?

① 과산화화합물
② 토코페롤(비타민 E)
③ 레티놀(비타민 A) 및 그 유도체
④ 피리독신(비타민 B) 및 그 유도체
⑤ 아스코빅애씨드(비타민 C) 및 그 유도체

61. 다음 중 「천연화장품 및 유기농화장품의 기준에 관한 규정」에 따라 천연화장품 및 유기농화장품 제조에 허용되는 공정으로 옳은 것은?

① 알파선, 감마선 조사
② 수은화합물을 사용한 처리
③ 동물 유래 성분의 탈색, 탈취
④ 공기, 산소, 질소, 이산화탄소, 아르곤 가스 분사제 사용
⑤ 에칠렌옥사이드, 프로필렌옥사이드 또는 다른 알켄옥사이드 사용

62. 다음 〈보기〉의 원료 중 맞춤형화장품의 혼합에 사용할 수 있는 원료로만 올바르게 나열된 것은? (단, 기능성화장품에 대한 심사를 받거나 보고서를 제출하지 않은 경우를 가정한다)

<보기>

엘-멘톨, 갈란타민, 징크피리치온, 피로갈롤, 글리세린, 토코페릴아세테이트, 돼지폐추출물, 퓨란, 디프로필렌글라이콜, 레티닐팔미테이트, 진세노사이드, 프로파진, 호모살레이트, 폴리에톡실레이티드레틴아마이드

① 갈란타민, 돼지폐추출물, 진세노사이드
② 글리세린, 퓨란, 호모살레이트
③ 피로갈롤, 엘-멘톨, 프로파진
④ 글리세린, 디프로필렌글라이콜, 진세노사이드
⑤ 징크피리치온, 레티닐팔미테이트, 폴리에톡실레이티드레틴아마이드

63. 다음은 표피의 각질층에 있는 세포간지질에 대한 설명이다. ㉠~㉢에 들어갈 단어가 순서대로 나열된 것은?

세포간지질은 각질층에 존재하는 지질로서 피부 표면에 라멜라 상태로 존재하여 피부의 수분을 유지시켜 준다. 세포간지질은 (㉠) 약 50%, (㉡) 약 30%, (㉢) 약 15% 등으로 구성되어 있다.

	㉠	㉡	㉢
①	케라틴	아미노산	콜라겐
②	케라틴	아미노산	콜레스테롤
③	세라마이드	지방산	콜라겐
④	세라마이드	지방산	콜레스테롤
⑤	트리글리세라이드	왁스 에스테르	지방산

64. 다음 중 광노화를 일으키는 자외선의 종류와 파장 범위가 올바르게 짝지어진 것은?

① UVC – 200~290nm
② UVB – 290~320nm
③ UVA – 320~400nm
④ 가시광선 – 400~780nm
⑤ 적외선 – 780~1,000nm

65. 다음 중 맞춤형화장품판매업에 대한 설명으로 옳지 <u>않은</u> 것은?

① 맞춤형화장품판매업을 하려는 자는 판매장마다 맞춤형화장품 조제관리사를 두어야 한다.
② 맞춤형화장품판매업은 제조 또는 수입된 화장품의 내용물을 소분한 화장품을 판매하는 영업을 말한다.
③ 맞춤형화장품판매업을 하려는 자는 맞춤형화장품조제관리사의 자격증 사본을 첨부하여 식품의약품안전처장에게 신고하여야 한다.
④ 맞춤형화장품판매업은 제조 또는 수입된 화장품의 내용물에 식품의약품안전처장이 정하여 고시하는 원료를 추가하여 혼합한 화장품을 판매하는 영업을 말한다.
⑤ 맞춤형화장품판매업자가 판매업소로 신고한 소재지 외의 장소에서 1개월의 범위에서 한시적으로 같은 영업을 하려는 경우에는 맞춤형화장품판매업 신고서를 제출하지 않아도 된다.

66. 다음 〈보기〉는 「기능성화장품 심사에 관한 규정」 [별표 3]에 따른 자외선차단지수(SPF) 측정 방법이다. 옳지 않은 것을 모두 고른 것은?

<보기>

ㄱ. 피험자는 규정된 선정기준에 따라 제품당 50명 이상을 선정한다.
ㄴ. 시험 전 설문을 통하여 피험자의 피부유형을 조사하고 이를 바탕으로 예상되는 최소홍반량을 결정한다.
ㄷ. 시험은 피험자의 등에 하며, 시험 부위는 피부손상, 과도한 털, 색조에 특별한 차이가 있는 부분을 택하여 선택한다.
ㄹ. 피험자의 등에 무도포 부위, 표준시료 도포 부위와 제품 도포 부위를 구획·도포한 후 상온에서 30분간 방치하여 건조한 다음 최소홍반량을 측정한다.
ㅁ. 제품 도포량은 2.0mg/cm^{2}으로 한다.
ㅂ. 화장품의 자외선차단지수(SPF)는 계산 방법에 따라 얻어진 자외선차단지수(SPF) 값의 소수점 이하는 버리고 정수로 표시한다.

① ㄱ, ㄴ, ㄷ
② ㄱ, ㄷ, ㄹ
③ ㄴ, ㄹ, ㅁ
④ ㄴ, ㄹ, ㅂ
⑤ ㄷ, ㅁ, ㅂ

67. 다음 〈보기〉는 박영 코스메틱의 신제품 영유아용 바디클렌저의 품질성적서 일부이다. 〈결과 해석〉의 ㉠, ㉡에 들어갈 숫자와 단어가 순서대로 올바르게 나열된 것은?

<보기>

시험항목	결과
pH	3
세균수	550개
진균수	350개
대장균	50개
녹농균, 황색포도상구균	불검출

<결과 해석>

시험 결과 총호기성생균수는 (㉠)개이고, 시험 결과의 판정은 (㉡)이다.

	㉠	㉡
①	550	부적합
②	550	적합
③	900	적합
④	900	부적합
⑤	950	부적합

68. 다음 〈대화〉는 맞춤형화장품 조제관리사 미선과 고객이 나눈 대화이다. 밑줄 친 ㉠~㉤ 중 옳지 않은 것은?

< 대화 >

미선: 안녕하세요, 고객님. 지난번에 조제해 드린 맞춤형화장품은 잘 사용하셨나요?
고객: 네. 잘 사용하고 있습니다. 어쩜 이렇게 피부가 촉촉해졌죠?
미선: ㉠ 보습효과가 있는 소듐하이알루로네이트 함량을 높였거든요. 고객님께서 잘 사용한다고 하시니 다행이에요. 오늘도 같은 화장품으로 조제해 드릴까요?
고객: 아뇨. 이번에는 다른 성분으로 조제 부탁드릴게요. 친구에게도 맞춤형화장품을 선물해주고 싶어서요.
미선: 제품 종류를 아직 정하지 못하셨다면 손 소독제는 어떠세요? ㉡ 요즘 수렴작용과 소독작용이 있는 위치하젤 성분을 함유한 손 소독제를 많이들 조제해가세요.
고객: 음... 아니에요. 친구가 핸드크림이 필요하다고 해서 핸드크림으로 부탁드릴게요.
미선: 아하, 혹시 친구분께서도 고객님과 같은 성분을 선호하시나요?
고객: 친구는 식물성 성분을 선호한다고 들었어요.
미선: 친구분께서 견과류 알레르기는 없으시죠? ㉢ 보습을 위해 시어버터를 넣을건데 견과류 알레르기가 있으면 유의해야 하는 성분이어서요.
고객: 그런 알레르기는 없다고 하네요. 아참, 혹시 동물실험을 한 화장품은 아니죠?
미선: 물론이죠. ㉣ 「화장품법」에 따라서 맞춤형화장품판매업장에서는 예외적인 경우가 아니라면 동물실험을 실시한 화장품을 판매할 수 없답니다.
고객: 오, 몰랐던 사실이군요. 선물하면서 친구에게 알려줘야 할 주의사항이 있을까요?
미선: ㉤ 직사광선을 피해서 보관해주시고, 상처가 있는 부위에는 사용을 자제하시는 것을 추천드립니다. 감사합니다.

① ㉠
② ㉡
③ ㉢
④ ㉣
⑤ ㉤

69. 다음 〈대화〉는 맞춤형화장품 조제관리사 미선과 그의 학생이 나눈 대화이다. 두 사람의 대화 중 현행 법령에 따른 내용으로 옳지 않은 것은?

< 대화 >

미선: 시험 준비는 잘 하고 있나요?
학생: 물론이죠. 이번 시험에는 꼭 붙을 거예요.
미선: 합격할 수 있을 거예요. 이번에 조제관리사도 결격사유가 생긴 거 알고 있지요?
학생: 화장품법을 공부하면서 그걸 모를 수는 없죠. ㉠ 화장품제조업과의 차이는 '파산선고를 받고 복권되지 아니한 자'가 결격 사유에 없다는 거, 맞죠?
미선: 열심히 공부하셨네요! 그럼 최근에 추가된 책임판매관리자의 자격기준은 무엇이죠?
학생: ㉡ 정답은 '맞춤형화장품 조제관리사 자격시험에 합격한 후 화장품 유통 또는 판매관리 업무를 1년 이상 한 사람'입니다!
미선: 저보다 더 잘 아시는 것 같은데요? 이번에 바뀐 법령이 꽤 많죠?
학생: 그래도 개정되어서 좋은 점도 많아요. 예를 들어서 ㉢ 식품의 형태나 냄새, 포장 등을 모방해서 식품으로 오용될 우려가 있는 화장품을 판매하지 못하게 하는 조항이요. 저는 예전부터 위험해보였거든요.
미선: 맞아요. 행정처분에 ㉣ 맞춤형화장품판매업자의 시설기준 구비 여부가 추가된 것도 그렇고, ㉤ 맞춤형화장품판매업자가 유통·판매되는 화장품을 임의 혼합·소분한 경우가 추가된 것도 그렇고... 관련 조항이 확실하게 세분화 되어서 앞으로 공부하는 사람들은 덜 헷갈릴 거예요.

① ㉠
② ㉡
③ ㉢
④ ㉣
⑤ ㉤

70. 다음 중 「화장품법」 제6조와 「화장품법 시행규칙」 제15조에 따라서 〈보기〉의 빈칸에 들어갈 답변으로 옳지 않은 것은?

<보기>

질문: 맞춤형화장품판매업의 휴업 신고는 어떻게 하나요?
답변: (   )

① 휴업 신고서에 맞춤형화장품판매업 신고필증을 첨부하여 제출합니다.
② 휴업 신고를 위한 서류는 지방식품의약품안전청장에게 제출해야 합니다.
③ 휴업 신고를 하지 않은 맞춤형화장품판매업자에게는 50만 원 이하의 과태료가 부과됩니다.
④ 식품의약품안전처장은 휴업신고를 받은 날부터 15일 이내에 신고수리 여부를 신고인에게 통지해야 합니다.
⑤ 휴업 기간이 1개월 미만이거나 그 기간 동안 휴업하였다가 그 업을 재개하는 경우에는 휴업 신고를 하지 않아도 됩니다.

71. 다음은 맞춤형화장품 조제관리사인 미선이 화장품책임판매업자에게 공급받은 화장품 내용물의 품질성적서 일부이다. 대장균, 녹농균, 황색포도상구균은 검출되지 않았다고 할 때, 다음 중 미선이 사용할 수 있는 화장품 내용물의 개수는?

시험 성적서		
내용물	세균수	진균수
베이비 샴푸	150개/g(mL)	100개/g(mL)
마스카라	250개/g(mL)	320개/g(mL)
물휴지	110개/g(mL)	200개/g(mL)
바디 로션	450개/g(mL)	300개/g(mL)
립스틱	390개/g(mL)	150개/g(mL)

① 1개
② 2개
③ 3개
④ 4개
⑤ 5개

72. 다음은 맞춤형화장품 조제관리사 카페 '화닥터'의 학습자료실에 올라온 게시글의 일부이다. 빈칸에 들어갈 수 있는 내용으로 옳은 것은?

팩(Pack)
• 사용법: 도포 후 일정시간 방치하여 유효 성분이 피부에 흡수되도록 한다.
• 종류: 티슈 오프, 워시 오프, 필 오프 등
• 특징: (   )

① pH 7.0~15.0
② 인체 세정용 제품류에 속함
③ 털을 제거한 직후에는 사용하지 말 것
④ 혈액순환 촉진 및 림프절 자극 작용이 탁월함
⑤ 피부에 청정, 보습 및 유연 효과 부여가 주 목적

73. 다음 〈보기〉 중 화장품 함유 성분별 주의사항으로 "눈에 접촉을 피하고 눈에 들어갔을 때는 즉시 씻어낼 것"이라는 문구가 표시되어야 하는 제품의 총 개수로 옳은 것은?

<보기>

- 카민 함유 제품
- 코치닐추출물 함유 제품
- 알부틴 2% 이상 함유 제품
- 포름알데하이드 0.05% 이상 검출된 제품
- 과산화수소 및 과산화수소 생성물질 함유 제품
- 폴리에톡실레이티드레틴아마이드 0.2% 이상 함유 제품
- 알파－하이드록시애시드(α－hydroxyacid, AHA) 함유 제품
- 알루미늄 및 그 염류 함유 제품(체취 방지용 제품류에 한함)
- 스테아린산아연 함유 제품(기초화장용 제품류 중 파우더 제품에 한함)
- 벤잘코늄클로라이드, 벤잘코늄브로마이드 및 벤잘코늄사카리네이트 함유 제품
- 살리실릭애씨드 및 그 염류 함유 제품(샴푸 등 사용 후 바로 씻어내는 제품 제외)
- 아이오도프로피닐부틸카바메이트(IPBC) 함유 제품(목욕용 제품, 샴푸류 및 바디클렌저 제외)

① 2개　② 3개
③ 4개　④ 5개
⑤ 6개

74. 다음은 「화장품 안전성 정보관리 규정」에 따른 신속보고와 정기보고의 내용을 표로 정리한 것이다. 밑줄 친 ㉠~㉤ 중 그 내용이 옳지 않은 것은?

구분	보고 주체	내용
신속보고	㉠ <u>화장품 책임 판매업자</u>	다음의 화장품 안전성 정보를 알게 된 때에는 각 정보의 서식에 따른 보고서를 ㉡ <u>그 정보를 알게 된 날로부터 15일 이내에 식품의약품안전처장에게 신속히 보고하여야 함</u> • ㉢ <u>중대한 유해사례 또는 이와 관련하여 식품의약품안전처장이 보고를 지시한 경우</u> • 판매중지나 회수에 준하는 외국정부의 조치 또는 이와 관련하여 식품의약품안전처장이 보고를 지시한 경우
정기보고		신속보고되지 아니한 화장품의 안전성 정보를 각 서식에 따라 작성한 후 ㉣ <u>매 반기 종료 후 1월 이내에 식품의약품안전처장에게 보고하여야 함</u> ※ 다만, ㉤ <u>상시근로자수가 1인 이하로서 직접 제조한 화장비누만을 판매하는 화장품책임판매업자는 해당 안전성 정보를 보고하지 아니할 수 있음</u>

① ㉠　② ㉡
③ ㉢　④ ㉣
⑤ ㉤

75. 다음 〈보기〉는 동물실험 화장품과 관련된 「화장품법」의 일부이다. 다음 중 밑줄 친 '다음 각 호의 어느 하나'에 해당할 수 있는 내용으로 옳지 않은 것은?

<보기>

제15조의2(동물실험을 실시한 화장품 등의 유통판매 금지)

① 화장품책임판매업자 및 맞춤형화장품판매업자는 「실험동물에 관한 법률」 제2조 제1호에 따른 동물실험을 실시한 화장품 또는 동물실험을 실시한 화장품 원료를 사용하여 제조(위탁제조 포함) 또는 수입한 화장품을 유통·판매하여서는 아니 된다. 다만, 다음 각 호의 어느 하나에 해당하는 경우는 그러하지 아니하다.

① 동물대체시험법이 존재하지 아니하여 동물실험이 필요한 경우
② 수입하려는 상대국의 편의에 따라 제품 개발에 동물실험이 필요한 경우
③ 국민보건상 위해 우려가 제기되는 화장품 원료 등에 대한 위해평가를 하기 위하여 필요한 경우
④ 동물실험을 대체할 수 있는 실험을 실시하기 곤란한 경우로서 식품의약품안전처장이 정하는 경우
⑤ 보존제, 색소, 자외선차단제 등 특별히 사용상의 제한이 필요한 원료에 대하여 그 사용기준을 지정하기 위하여 필요한 경우

76. 다음은 맞춤형화장품 조제관리사 시험에 합격한 미선과 그의 친구 양선이 나눈 대화이다. ㉠, ㉡에 들어갈 단어가 순서대로 올바르게 나열된 것은?

<대화>

양선: 얼마 전에 맞춤형화장품 조제관리사 자격시험에 합격했지? 정말 축하해!
미선: 고마워. 아직 취업은 안 했지만, 혹시 궁금한 거 있으면 아는 선에선 대답해줄게.
양선: 그럼 얘기가 나와서 말인데... 선크림이랑 향수 추천해줄 수 있어?
미선: 어떤 제품이었으면 좋겠어? 선크림이면 발림성이 좋은 제품을 원해?
양선: 내가 원하는 건 딱 하나야. 피부가 예민한 편이라 최대한 자극이 없었으면 좋겠어.
미선: 음, 바르면 하얗게 보일 수 있는데도 괜찮아?
양선: 매일 바를 거니까 트러블이 올라오는 것보다는 나을 것 같아.
미선: 알겠어. 그럼 (㉠) 성분이 들어간 자외선 차단제를 추천해주면 되겠다. 향수는 어떤 것으로 쓰고 싶어?
양선: 지속력이 최대한 긴 것으로 부탁해. 지난번 모임 때 네가 뿌리고 왔던 향이랑 비슷했으면 좋겠어.
미선: 아, 그 향수의 종류는 (㉡)이야. 이따 집에 들어가서 제품명 확인해보고 알려줄게.
양선: 정말 고마워!

	㉠	㉡
①	징크옥사이드	퍼퓸
②	징크옥사이드	오드퍼퓸
③	티타늄디옥사이드	오드뚜왈렛
④	시녹세이트	퍼퓸
⑤	호모살레이트	오드코롱

77. 다음 〈보기〉는 박영 코스메틱이 신제품 출시를 앞두고 있는 바디 샴푸 100g의 성분표 일부이다. 다음 중 성분을 올바르게 분석한 내용이 아닌 것은?

<보기>

정제수, 티이에이-살리실레이트, 에칠라우로일알지네이트 하이드로클로라이드, 닥나무추출물, 멘틸안트라닐레이트, 참깨오일, 소르빅애씨드, 알파-비사보롤, 적색 201호, 파네솔(50mg), 벤질살리실레이트(30mg), 리모넨(10mg)

① 입술에 사용할 수 없는 보존제 성분이 함유되어 있다.
② 사용상의 제한이 필요한 원료 중 자외선 차단 성분을 2개 함유하고 있다.
③ 피부의 미백에 도움을 주는 기능성화장품 성분이 함유되어 있다.
④ '향료'로 표시할 수 없고 성분의 명칭을 기재해야 하는 성분의 개수는 총 3개이다.
⑤ 천연화장품 및 유기농화장품의 제조에 사용할 수 있는 합성보존제가 함유되어 있다.

78. 다음 〈보기〉는 맞춤형화장품 조제관리사 미선이 A제품과 B제품을 1:1로 혼합하여 조제하고자 하는 화장품의 성분 목록의 일부이다. 사용 후 씻어내는 화장품을 조제하고자 할 때 「화장품 사용 시의 주의사항 및 알레르기 유발성분 표시에 관한 규정」에 따라 미선이 성분의 명칭을 기재·표시하여야 하는 알레르기 유발성분의 총 개수로 옳은 것은?

<보기>

A제품(100g)		B제품(100g)	
성분	함량	성분	함량
정제수	50g	정제수	50g
. . .		. . .	
		제라니올	3mg
헥실신남알	20mg	시트로넬올	2mg
리날룰	25mg	유제놀	22mg

① 0개
② 1개
③ 2개
④ 3개
⑤ 4개

79. 다음 〈보기〉 중 관능평가의 요소와 평가 방법의 연결이 올바른 것을 모두 고른 것은?

<보기>

ㄱ. 탁도(침전)는 탁도 측정용 10mL 바이알에 액상 형태의 제품을 넣고 탁도계(Turbidity meter)로 현탁도를 측정한다.
ㄴ. 변취는 제품 적당량을 손등에 펴 바른 뒤 원료의 베이스 냄새를 기준으로 제조 전의 벌크제품과 비교해 변취 여부를 확인한다.
ㄷ. 분리(입도)는 육안과 현미경을 사용하여 제품의 유화 상태(기포, 빙결, 응고, 분리, 겔화, 유화입자의 크기 등)를 확인한다.
ㄹ. 점도는 시료를 실온이 되도록 방치한 뒤 점도 측정용기에 넣고 시료의 점도 범위에 적합한 회전봉(Spindle)을 사용하여 점도를 측정한다. 점도가 낮은 경우 경도를 측정한다.
ㅁ. 증발, 표면굳음은 건조감량 측정과 무게 측정을 통해 증발과 표면굳음을 측정한다.

① ㄱ, ㄴ, ㄷ
② ㄱ, ㄷ, ㅁ
③ ㄴ, ㄷ, ㄹ
④ ㄴ, ㄹ, ㅁ
⑤ ㄷ, ㄹ, ㅁ

80. 맞춤형화장품 조제관리사 미선과 고객은 다음과 같은 〈대화〉를 나누었다. 대화 내용을 바탕으로 미선이 분석에 사용할 기기와 추천할 제품이 올바르게 짝지어진 것은?

<대화>

미선: 안녕하세요. 재방문해주셔서 감사합니다. 요즘 날이 많이 덥죠?
고객: 맞아요. 지난번에 제조해주신 선크림은 잘 사용하고 있어요.
미선: 반가운 소식이네요. 오늘은 어떤 이유로 오셨을까요?
고객: 요즘 더워서 머리를 자주 감아서 그런지, 머리카락이 가늘어지고 감을 때마다 뭉텅이로 빠지는 것 같아요.
미선: 그러고 보니 지난번에 오셨을 때보다 머리숱이 조금 준 것 같기도 하네요.
고객: 제 생각에도 그래요. 분석 먼저 받고 제품을 추천받고 싶어서 왔어요.
미선: 네, 알겠습니다. 저희 매장에 있는 기기를 사용하여 분석 후 고객님께 알맞은 제품을 추천해드리겠습니다.

① 피펫(Pipette), 비오틴 함유 제품
② pH 미터(pH meter), 치오글리콜산 함유 제품
③ 세붐미터(Sebumeter), 징크피리치온 함유 제품
④ 포토트리코그람(Phototrichogram), 덱스판테놀 함유 제품
⑤ 호모게나이저(Homogernizer), 시스테인 함유 제품

단답형

81. 다음은 「화장품법 시행규칙」 제10조의3 제품별 안전성 자료의 작성·보관에 관한 내용이다. ㉠, ㉡에 들어갈 숫자를 차례로 작성하시오.

- 화장품의 1차 포장에 사용기한을 표시하는 경우: 영유아 또는 어린이가 사용할 수 있는 화장품임을 표시·광고한 날부터 마지막으로 제조·수입된 제품의 사용기한 만료일 이후 (㉠)년까지의 기간
- 화장품의 1차 포장에 개봉 후 사용기간을 표시하는 경우: 영유아 또는 어린이가 사용할 수 있는 화장품임을 표시·광고한 날부터 마지막으로 제조·수입된 제품의 제조연월일 이후 (㉡)년까지의 기간

82. 다음 〈보기〉는 안전성 용어에 대한 설명이다. ㉠, ㉡에 들어갈 단어를 차례로 작성하시오.

<보기>

- (㉠)란 안전성 정보 중 유해사례와 화장품 간의 인과관계 가능성이 있다고 보고된 정보로서 그 인과관계가 알려지지 아니하거나 입증자료가 불충분한 것을 뜻한다.
- (㉡)란 화장품의 사용 중 발생한 바람직하지 않고 의도되지 아니한 징후, 증상 또는 질병을 말하며, 당해 화장품과 반드시 인과관계를 가져야 하는 것은 아니다.

83. 〈보기〉는 맞춤형화장품판매업자 미선의 영업장에 새로 들여온 화장품의 1차 포장에 기재되어 있는 사항이다. 2차 포장은 없다고 가정했을 때, 제품의 포장에 누락된 사항의 명칭을 한글로 작성하시오.

<보기>

촉촉수분 헤어 샴푸 8ml (비매품)
연약한 두피와 모발을 청결하고 건강하게 케어해주는 약산성 샴푸
사용법 적당량을 덜어 두피와 모발을 손가락으로 부드럽게 마사지 한 후 미온수로 깨끗하게 헹구어 냅니다.

- 화장품책임판매업자 또는 맞춤형화장품판매업자 박영 코스메틱
- 고객센터 123－456－78910
- 제조번호 D38049
- 사용기간 개봉 후 12개월
- MADE IN KOREA

84. 다음 〈보기〉는 특정 성분이 함유된 화장품 사용 시의 주의사항을 기재한 것이다. ㉠~㉢에 들어갈 단어와 숫자를 차례로 작성하시오.

<보기>

- 햇빛에 대한 피부의 감수성을 증가시킬 수 있으므로 자외선 차단제를 함께 사용할 것(씻어내는 제품 및 두발용 제품은 제외한다)
- 일부에 시험 사용하여 피부 이상을 확인할 것
- 고농도의 (㉠) 성분이 들어 있어 부작용이 발생할 우려가 있으므로 전문가 등에게 상담할 것(성분이 (㉡) 퍼센트를 초과하여 함유되어 있거나 산도가 (㉢) 미만인 제품만 표시한다)

85. 다음은 「화장품의 색소 종류와 기준 및 시험방법」에서 사용하는 용어의 정의이다. ㉠, ㉡에 들어갈 단어를 차례로 작성하시오.

- (㉠)는 색소 중 콜타르, 그 중간생성물에서 유래되었거나 유기 합성하여 얻은 색소 및 그 레이크, 염, 희석제와의 혼합물을 말한다.
- (㉡)는 (㉠)를 기질에 흡착, 공침 또는 단순한 혼합이 아닌 화학적 결합에 의하여 확산시킨 색소를 말한다.

86. **다음 표는 「기능성화장품 기준 및 시험방법」에 따른 화장품 용기의 종류 중 일부이다. ㉠~㉢에 들어갈 단어를 차례로 작성하시오.**

㉠	• 일상의 취급 또는 보통 보존상태에서 외부로부터 고형의 이물이 들어가는 것을 방지하고 고형의 내용물이 손실되지 않도록 보호할 수 있는 용기를 말한다. • (㉠)로 규정되어 있는 경우에는 (㉡)도 쓸 수 있다.
㉡	• 일상의 취급 또는 보통 보존상태에서 액상 또는 고형의 이물 또는 수분이 침입하지 않고 내용물을 손실, 풍화, 조해 또는 증발로부터 보호할 수 있는 용기를 말한다. • (㉡)로 규정되어 있는 경우에는 (㉢)도 쓸 수 있다.

87. **다음은 「기능성화장품의 심사에 관한 규정」 제6조(제출자료의 면제 등)의 일부이다. ㉠, ㉡에 들어갈 단어를 차례로 작성하시오.**

> 「기능성화장품 기준 및 시험방법」(식품의약품안전처 고시), 국제화장품원료집(ICID) 및 「식품의 기준 및 규격」(식품의약품안전처 고시)에서 정하는 원료로 제조되거나 제조되어 수입된 기능성화장품의 경우 (㉠)에 관한 자료 제출을 면제한다. 다만, 유효성 또는 기능 입증자료 중 (㉡)에서 피부이상반응 발생 등 안전성 문제가 우려된다고 식품의약품안전처장이 인정하는 경우에는 그러하지 아니하다.

88. **다음 표는 「화장품 안전기준 등에 관한 규정」 [별표 2] 보존제 중 트리클로산에 대한 설명이다. ㉠, ㉡에 들어갈 단어와 숫자를 차례로 작성하시오.**

원료명	사용한도	비고
트리클로산	사용 후 씻어내는 (㉠) 제품류, 데오도런트(스프레이 제품 제외), 페이스파우더, 피부결점을 감추기 위해 국소적으로 사용하는 파운데이션(예 블레미쉬컨실러)에 (㉡)%	기타 제품에는 사용금지

89. **다음 〈보기〉의 ㉠, ㉡에 들어갈 단어와 숫자를 차례로 작성하시오.**

<보기>

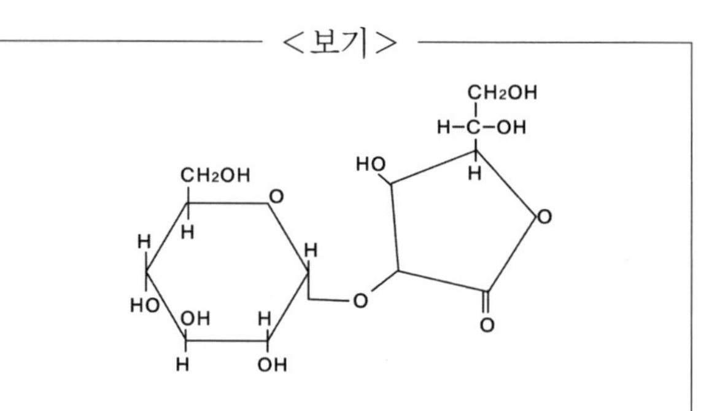

(㉠)의 분자식은 $C_{12}H_{18}O_{11}$이고 CAS 번호는 129499－78－1이다. 비타민 C 유도체의 일종인 아스코빅애씨드와 글루코오스의 축합반응물이며 산화방지제로도 사용된다. 국내에서는 피부의 미백에 도움을 주는 기능성화장품의 성분으로 분류되어 있으며 함량은 (㉡)%이다.

90. 다음 〈보기〉의 빈칸에 공통으로 들어갈 단어를 한글로 작성하시오.

<보기>

- 신체 피부의 색은 멜라닌 색소, 카로티노이드 색소, (　　　　)에 의하여 결정될 수 있음
- 피부상태 분석 시 피부의 민감도는 (　　　　) 수치를 통해 피부의 붉은기를 측정함

91. 다음은 「화장품법 시행규칙」과 「화장품 사용 시의 주의사항 및 알레르기 유발성분 표시에 관한 규정」에 관한 설명이다. ㉠~㉢에 들어갈 단어와 숫자를 차례로 작성하시오.

<보기>

- (㉠)는 "향료"로 표시할 수 있다. 다만, (㉠)의 구성 성분 중 식품의약품안전처장이 정하여 고시한 알레르기 유발성분이 있는 경우에는 향료로 표시할 수 없고, 해당 성분의 명칭을 기재·표시해야 한다.
- (㉠)의 구성 성분 중 알레르기 유발성분의 함량이 사용 후 씻어내는 제품에서 (㉡)% 이하, 사용 후 씻어내지 않는 제품에서 (㉢)% 이하인 경우에 한하여 해당 성분의 명칭을 기재하지 않아도 된다.

92. 다음 〈보기〉의 빈칸에 들어갈 단어를 작성하시오.

<보기>

TEWL 또는 (　　　　　　) 분석법은 각질층으로 구성된 피부 장벽층을 통과하여 증발하는 수분량을 측정한 후 피부 장벽의 세기와 기능을 평가하는 피부 분석법이다.

93. 다음 〈보기〉는 피부의 표피에 대한 설명 중 일부이다. 빈칸에 공통으로 들어갈 단어를 한글로 작성하시오.

<보기>

- 천연보습인자(NMF)를 구성하는 수용성의 아미노산은 (　　　　　　)이 각질층세포의 하층으로부터 표층으로 이동함에 따라 각질층 내의 단백분해효소에 의해 분해된 것이다.
- (　　　　　　)은 각질층 상층에 이르는 과정에서 아미노펩티데이스, 카복시펩티데이스 등의 활동에 의해서 최종적으로 아미노산으로 분해된다.

94. 다음 〈보기〉는 기능성화장품의 종류에 대한 설명 중 일부이다. ㉠~㉢에 들어갈 단어를 차례로 작성하시오.

<보기>

"질병의 예방 및 치료를 위한 의약품이 아님"을 기재·표시해야 하는 기능성화장품

- (㉠) 증상의 완화에 도움을 주는 화장품. 다만, 코팅 등 물리적이고 모발을 굵게 보이게 하는 제품은 제외한다.
- 여드름성 피부를 완화하는 데 도움을 주는 화장품. 다만, 인체세정용 제품류로 한정한다.
- (㉡)의 기능을 회복하여 가려움 등의 개선에 도움을 주는 화장품
- (㉢)로 인한 붉은 선을 엷게 하는 데 도움을 주는 화장품

95. 다음 〈보기〉의 설명과 구조식을 참고하여 빈칸에 들어갈 단어를 작성하시오.

<보기>

(　　　)($C_2H_4O_2S$)는 퍼머넌트웨이브용 및 헤어 스트레이트너 제품에서 제1제로 사용되는 환원성 물질로, 구조식은 다음과 같다. 체모를 제거하는 기능을 가진 기능성화장품의 성분으로 함량은 3.0~4.5%이다.

O
HS　　OH

96. 다음 〈보기〉는 화장품 표시·광고 시의 준수사항 중 일부이다. ㉠, ㉡에 들어갈 단어를 차례로 작성하시오.

<보기>

- 의사·치과의사·한의사·약사·의료기관 또는 그 밖의 자((㉠)화장품, 천연화장품 또는 유기농화장품 등을 인증·보증하는 기관으로서 식품의약품안전처장이 정하는 기관은 제외)가 이를 지정·공인·추천·지도·연구·개발 또는 사용하고 있다는 내용이나 이를 암시하는 등의 표시·광고를 하지 말 것
  ※ 다만, (㉡) 결과가 관련 학회 발표 등을 통하여 공인된 경우에는 그 범위에서 관련 문헌을 인용할 수 있으며, 이 경우 인용한 문헌의 본래 뜻을 정확히 전달하여야 하고, 연구자 성명·문헌명과 발표연월일을 분명히 밝혀야 한다.

(…)

97. 다음 빈칸에 공통으로 들어갈 단어를 작성하시오.

- 모발의 주성분인 (　　　)에는 디설파이드 결합(disulfide bond, S−S 결합)을 가지고 있는 시스테인이 있는데, 이 디설파이드결합을 환원 및 산화시켜서 모발의 웨이브(wave)를 형성한다.
- 모발의 모간부는 모표피, 모피질, 모수질로 구성되어 있다. 모피질에는 피질세포, (　　　), 멜라닌이 존재한다.

98. 다음 〈보기〉는 「화장품법 시행규칙」 [별표 2]의 책임판매 후 안전관리 기준의 일부이다. ㉠, ㉡에 들어갈 단어를 차례로 작성하시오.

<보기>

- (㉠)란 화장품의 품질, 안전성·유효성, 그 밖에 적정 사용을 위한 정보를 말한다.
- 화장품책임판매업자는 (㉡)를 두어야 하며, 안전확보 업무를 적정하고 원활하게 수행할 능력을 갖는 인원을 충분히 갖추어야 한다.

99. 다음 〈보기〉는 「화장품법 시행규칙」에 따른 안전용기·포장 대상 품목 및 기준에 대한 설명이다. ㉠~㉢에 들어갈 단어를 차례로 작성하시오.

<보기>

- (㉠)을 함유하는 네일 에나멜 리무버 및 네일 폴리시 리무버
- 어린이용 오일 등 개별포장당 (㉡)류를 10% 이상 함유하고 운동점도가 21센티스톡스(섭씨 40도 기준) 이하인 에멀션 형태가 아닌 액체상태의 제품
- 개별포장당 (㉢)를 5% 이상 함유하는 액체상태의 제품

100. ( )는 맞춤형화장품의 혼합·소분에 사용되는 내용물 또는 원료의 제조번호와 혼합·소분 기록을 추적할 수 있도록 맞춤형화장품판매업자가 숫자·문자·기호 또는 이들의 특징적인 조합으로 부여한 번호를 뜻한다. 빈칸에 들어갈 단어를 작성하시오.

맞춤형화장품 조제관리사
제3회 모의고사

성명		수험번호										120분

응시자 주의사항	• 시험 도중 포기하거나 답안지를 제출하지 않은 응시자는 시험 무효 처리됩니다. • 시험 시간 중에는 화장실에 갈 수 없고 종료 시까지 퇴실할 수 없으므로 과다한 수분 섭취를 자제하는 등 건강 관리에 유의하시기 바랍니다. • 응시자는 감독위원의 지시에 따라야 하며, 부정한 행위를 한 응시자에게는 해당 시험을 무효로 하고, 이미 합격한 자의 경우 「화장품법」 제3조의4에 따라 자격이 취소되고 처분일로부터 3년간 시험에 응시할 수 없습니다. • 답안지는 문제번호가 1번부터 100번까지 양면으로 인쇄되어 있습니다. 답안 작성 시에는 반드시 시험문제지의 문제번호와 동일한 번호에 작성하여야 합니다. • 선다형 답안 마킹은 반드시 컴퓨터용 사인펜으로 작성하여야 합니다. 답안 수정이 필요할 경우 감독관에게 답안지 교체를 요청해야 하며, 수정테이프(액) 등을 사용했을 경우 채점상의 불이익을 받을 수 있으므로 사용하지 마시기 바랍니다. • 올바른 답안 마킹방법 및 주의사항 – 매 문항마다 반드시 하나의 답만을 골라 그 숫자에 "●"로 정확하게 표기하여야 하며, 이를 준수하지 않아 발생하는 불이익(득점 불인정 등)은 응시자 본인이 감수해야 함 – 답안 마킹이 흐리거나, 답란을 전부 채우지 않고 작게 점만 찍어 마킹할 경우 OMR 판독이 되지 않을 수 있으니 유의하여야 함 예 올바른 표기: ● / 잘못된 표기: ⊙ ⊗ ⊖ ⦶ ◎ ⦸ Ⓥ ◌ – 두 개 이상의 답을 마킹한 경우 오답처리 됨 • 단답형 답안 작성은 반드시 검정색 볼펜으로 작성하여야 합니다. 답안 정정 시에는 반드시 정정 부분을 두 줄(=)로 긋고 해당 답안 칸에 다시 기재하여야 하며, 수정테이프(액) 등을 사용했을 경우 채점상의 불이익을 받을 수 있으므로 사용하지 마시기 바랍니다. • 문항별 배점은 시험당일 문제에 표기하여 공개됩니다. • 시험 문제 및 답안은 비공개이며, 이에 따라 시험 당일 문제지 반출이 불가합니다. • 본인이 작성한 답안지를 열람하고 싶은 응시자는 합격일 이후 별도 공지사항을 참고하시기 바랍니다.

제3회 맞춤형화장품 조제관리사 모의고사

성명		수험번호		120분

선다형

1. 다음 중 「화장품법」 제2조에 따른 각 용어의 정의가 올바르게 연결된 것은?

> • "화장품"이란 인체를 청결·미화하여 매력을 더하고 용모를 밝게 변화시키거나 피부·(㉠)의 건강을 유지 또는 증진하기 위하여 인체에 바르고 문지르거나 뿌리는 등 이와 유사한 방법으로 사용되는 물품으로서 인체에 대한 작용이 경미한 것을 말한다.
> • (㉡)란 화장품의 용기·포장에 기재하는 문자·숫자·도형 또는 그림 등을 말한다.

	㉠	㉡
①	두피	표시
②	두피	포장
③	모발	표시
④	모발	광고
⑤	인체	표시

2. 다음 <대화>는 맞춤형화장품 조제관리사 시험을 함께 준비하는 학생 A, B의 대화이다. 밑줄 친 ㉠~㉤ 중 현행 법령에 따른 내용으로 옳지 않은 것은?

<대화>

> A: 오늘은 화장품법에 따른 영업의 종류와 특징에 대하여 서로 아는대로 얘기해보자.
> B: 좋아. 내가 먼저 말할게. ㉠ 화장품제조업은 화장품을 직접 제조하거나, 위탁받아 제조하거나, 화장품의 1차 포장을 하는 영업을 뜻해.
> A: 정확해. ㉡ 화장품의 2차 포장만 하거나 표시만 하는 경우에는 화장품제조업 등록 대상에서 제외되지.
> B: 등록이라는 단어를 보니까 생각났는데, ㉢ 화장품제조업과 화장품책임판매업은 영업 등록의 대상이지만 맞춤형화장품판매업은 신고의 대상이라는 차이점이 있지.
> A: 그렇게 보면 두 가지 영업의 결이 비슷하다고 생각할 수도 있는데, ㉣ 화장품책임판매업과 맞춤형화장품판매업의 결격 사유에 "피성년후견인"과 "마약류 중독자"의 경우를 더하면 화장품제조업자의 결격 사유가 된다는 사실도 알고 있니?
> B: 나도 공부할 때 그 부분이 유독 헷갈렸어. 참, 맞춤형화장품 조제관리사가 되려면 시험만 붙으면 되는 거 맞지?
> A: 최근에 개정된 법령은 확인하지 않았구나? ㉤ 결격 사유 관련 법령이 새로 생겨서 그 사유에 해당하는 경우에는 시험에 합격해도 맞춤형화장품 조제관리사가 될 수 없어.

① ㉠ ② ㉡
③ ㉢ ④ ㉣
⑤ ㉤

3. 다음 안전성 정보의 보고사항 중 신속 보고해야 하는 사항만을 모두 고른 것은?

ㄱ. 고객이 화장품의 사용 중 발생하였거나 알게 된 유해사례
ㄴ. 소매업자가 화장품의 보관 중 발생하였거나 알게 된 유해사례
ㄷ. 화장품책임판매업자가 신속 보고하지 아니한 화장품의 안전성 정보
ㄹ. 중대한 유해사례 정보로서 식품의약품안전처장이 보고를 지시한 경우
ㅁ. 판매중지에 준하는 외국정부의 조치 또는 이와 관련하여 식품의약품안전처장이 보고를 지시한 경우

① ㄱ, ㄴ ② ㄱ, ㄷ
③ ㄴ, ㅁ ④ ㄷ, ㄹ
⑤ ㄹ, ㅁ

4. 맞춤형화장품판매업자 미선은 개인적인 사유로 인하여 친구 양선에게 영업을 양도하기로 하였다. 「개인정보 보호법」 제27조에 따라 영업양도 등에 따른 개인정보를 이전하려는 조치로 적절하지 않은 것은?

① 미선은 고객들의 개인정보를 양선에게 이전하려는 사실을 서면 등의 방법으로 고객들에게 알렸다.
② 미선은 개인정보를 이전받는 양선의 성명과 주소, 전화번호 및 그 밖의 연락처를 고객들에게 알렸다.
③ 양선은 미선의 개인정보 이전 통지에서 누락된 고객들에게 개인정보를 이전 후 지체 없이 그 사실을 알렸다.
④ 미선은 고객들의 개인정보를 양선에게 이전하려는 사실을 서면 등의 방법으로 알릴 수 없는 사유가 생기자 해당 사항을 15일 동안 인터넷 홈페이지에 게재하였다.
⑤ 양선은 영업의 양도·합병 등으로 개인정보를 이전받은 경우에 해당하므로 이전 당시의 본래 목적으로만 개인정보를 이용하거나 제3자에게 제공할 수 있다.

5. 다음 중 「화장품법」에 따라 100만원의 과태료가 부과되는 경우만을 모두 고른 것은?

ㄱ. 폐업 등의 신고를 하지 않은 경우
ㄴ. 보고 명령을 위반하여 보고를 하지 않은 경우
ㄷ. 화장품의 생산실적 또는 수입실적을 보고하지 않은 경우
ㄹ. 맞춤형화장품 조제관리사 또는 이와 유사한 명칭을 사용한 경우
ㅁ. 매년 화장품의 안전성 확보 및 품질관리에 관한 교육을 받지 않은 경우

① ㄱ, ㄴ ② ㄱ, ㄷ
③ ㄴ, ㄹ ④ ㄷ, ㅁ
⑤ ㄹ, ㅁ

6. 다음 〈대화〉는 맞춤형화장품판매업소에 근무하는 A와 친구 B가 나눈 대화이다. 밑줄 친 ㉠~㉢을 참고하였을 때 다음 중 옳지 않은 것은?

<대화>

A: 우리 회사는 강남점, 청담점, 홍대점을 운영하고 있어. 그런데 대표님이 그 중 청담점의 시설기준을 갖추지 않은 채 맞춤형화장품 판매를 하셨나봐. 1차 위반이래.

B: 저런. 너희 회사 대표님은 ㉠ 행정처분도 받았겠네?

A: 당연하지. 이번에 ㉡ 강남점만 상호명을 변경할 예정이라는 공지가 올라왔어.

B: 그래? ㉢ 변경신고 기간이 어떻게 돼?

① ㉠에 해당하는 행정처분은 시정명령이다.
② ㉡에서 상호의 변경신고를 하지 않게 되면 시정명령을 받게 된다.
③ ㉢에 해당하는 기한은 30일이다.
④ A의 회사는 강남점, 청담점, 홍대점에 각각 1명 이상의 맞춤형화장품 조제관리사를 선임해야 한다.
⑤ A가 다니는 회사의 대표가 ㉠의 행정처분을 받은 후 1년 이내에 같은 사유로 인해 행정처분을 받는다면 판매업무정지 15일 처분을 받게 된다.

7. 다음 중 「개인정보 보호법」에 따른 영상정보처리기기에 대한 설명으로 옳지 않은 것은?

① 녹음 기능은 사용할 수 없다.
② 영상정보처리기기 운영자는 영상정보처리기기의 설치·운영에 관한 사무를 위탁할 수 없다.
③ 설치 목적과 다른 목적으로 영상정보처리기기를 임의로 조작하거나 다른 곳을 비춰서는 안 된다.
④ 교정시설, 수용시설을 갖추고 있는 정신의료기관은 영상정보처리기기를 설치·운영할 수 있다.
⑤ 영상정보처리기기 운영자는 개인정보가 분실·도난·유출·위조·변조 또는 훼손되지 아니하도록 안전성 확보에 필요한 조치를 하여야 한다.

8. 다음 〈보기〉는 「화장품의 색소 종류와 기준 및 시험방법」 중 레이크의 종류에 대한 설명이다. 빈칸에 들어갈 용어로 가장 적합한 것은?

<보기>

「화장품의 색소 종류와 기준 및 시험방법」 [별표1] 화장품 색소의 종류 중 레이크는 타르 색소의 나트륨, 칼륨, 알루미늄, 바륨, 칼슘, 스트론튬 또는 지르코늄염(염이 아닌 것은 염으로 하여)을 (　　　　)에 확산시켜서 만든 레이크로 한다.

① 기질　② 순색소
③ 희석제　④ 유기 색소
⑤ 무기 색소

9. 다음의 〈주의사항〉을 표시해야 하는 밑줄 친 이 제품의 종류로 적합한 것을 〈보기〉에서 모두 고른 것은?

<주의사항>

이 제품에 첨가제로 함유된 프로필렌글리콜에 의하여 알레르기를 일으킬 수 있으므로 이 성분에 과민하거나 알레르기 반응을 보였던 적이 있는 분은 사용 전에 의사 또는 약사와 상의하여 주십시오.

<보기>

ㄱ. 탈염·탈색제
ㄴ. 손·발의 피부연화 제품
ㄷ. 염모제(산화염모제와 비산화염모제)
ㄹ. 두발용, 두발염색용 및 눈 화장용 제품류
ㅁ. 퍼머넌트 웨이브 제품 및 헤어스트레이트너 제품

① ㄱ, ㄴ　② ㄱ, ㄷ
③ ㄴ, ㄹ　④ ㄷ, ㅁ
⑤ ㄹ, ㅁ

10. 다음 중 화장품의 성분별 특성에 따른 취급 및 보관 방법으로 가장 적절하지 않은 것은?

① 정제수 관리: 화장품에 사용되는 정제수는 투명, 무취, 무색으로 오염되지 않아야 하고 부패, 변질되지 않는 물을 사용해야 한다.

② 원료의 미생물 오염 방지: 원료 보관 시 건조한 곳에 보관하여야 하며, 외부의 물질이 침투되지 않도록 관리해야 한다.

③ 지방의 산화: 오일, 왁스 등의 유성 성분의 경우 공기 중의 산소와 접촉하여 산화되는 특성이 나타날 수 있으므로, 유성 성분을 제품 내 배합 시 항산화 기능을 가지는 비타민 C를 같이 배합한다.

④ 비타민 보관: 비타민 A는 빛에 의해 불안정한 물질로 변질되기 쉽기 때문에 유도체화하여 상대적으로 안정한 레티닐팔미테이트가 사용되기도 한다.

⑤ 화기성 성분: 에탄올과 같은 화기성 및 가연성이 있거나 위험한 물질은 반드시 지정된 인화성 물질 보관함 또는 밀봉하여 화기에서 멀리 보관해야 한다.

11. 다음 〈보기〉는 「맞춤형화장품 조제관리사 교수학습가이드」의 화장품의 효과에 대한 내용 중 일부이다. 빈칸에 들어갈 단어로 가장 적절한 것은?

〈보기〉

두발용 제품류 내 퍼머넌트웨이브

✓ 퍼머넌트웨이브 세부 유형

• 두발의 주요 구성 단백질은 케라틴이며, 케라틴 단백질의 세부 결합 형태에 따라 두발의 형태가 달라진다. 따라서 두발 케라틴 단백질 간의 공유결합인 이황화결합(disulfide bond, −S−S−)을 환원제로 끊어준 다음, 원하는 두발의 모양을 틀을 이용하여 고정화하고, 산화제로 재결합시켜서 두발의 웨이브를 만들어 변형시키는 것을 퍼머넌트웨이브라고 한다.
• 제1제 환원제에 사용되는 주요 성분의 종류에 따라 치오글리콜릭애씨드 퍼머넌트웨이브, 시스테인 퍼머넌트웨이브, 티오락틱애씨드 퍼머넌트웨이브로 구분할 수 있다.

✓ 퍼머넌트웨이브 사용 목적

• (　　　　　　　　)을 통해 두발에 웨이브를 준다.
• 두발을 일정한 형으로 유지시켜 주기 위한 제품이다.

① 시스틴 결합
② 에스테르 반응
③ 펩타이드 결합
④ 산·알카리 반응
⑤ 산화·환원 반응

12. 다음은 맞춤형화장품 조제관리사 미선이 고객에게 만들어준 제모크림 성분표의 일부이다. 다음 중 미선이 고객에게 알려줘야 하는 주의사항으로 옳지 않은 것은?

<성분표>

정제수, 우레아, 치오글라이콜릭애씨드, 세틸알코올, 소듐하이드록사이드, 동백오일, 폴리옥시에칠렌세틸스테아릴디에텔, 페트롤라툼, 미네랄오일, 칼슘하이드록사이드, 스테아릴알코올, 디소듐이디티에이, 알란토인, 포도씨오일, 치자추출물, 감초추출물, 창포추출물, 알로에베라잎추출물

① 이 제품은 남성의 수염 부위에 사용하시면 안 됩니다.
② 이 제품을 사용하시고 24시간 안에 향수를 뿌리시면 안 됩니다.
③ 이 제품을 사용하시고 24시간 안에 수렴로션을 사용하시면 안 됩니다.
④ 이 제품을 사용한 후에도 제모가 깨끗하게 되지 않은 경우 24시간 후에 재사용하셔야 합니다.
⑤ 이 제품이 눈 또는 점막에 닿았을 경우 미지근한 물로 씻어내고 농도 약 2%의 붕산수로 헹구어내셔야 합니다.

13. 다음 〈보기〉 중 화장품 안정성 시험에 대한 설명으로 적절한 것을 모두 고른 것은?

<보기>

ㄱ. 제품이 빛에 노출될 수 있는 상태로 포장된 화장품은 광안정성 시험을 실시한다.
ㄴ. 화장품 안정성 시험은 화장품의 저장방법 및 사용기한을 설정하기 위하여 경시변화에 따른 품질의 안정성을 평가하는 시험이다.
ㄷ. 장기보존시험은 화장품의 저장조건에서 사용기한을 설정하기 위하여 장기간에 걸쳐 물리·화학적, 미생물학적 안정성 및 용기 적합성을 확인하는 시험으로 3개월 이상 시험하는 것을 원칙으로 한다.
ㄹ. 장기보존시험은 시험 개시 때와 첫 1년간은 3개월마다, 그 후 2년까지는 6개월마다, 2년 이후부터 1년에 1회 시험한다.
ㅁ. 가속시험 시 일반적으로 장기보존시험의 지정저장온도보다 10℃ 이상 높은 온도에서 시험한다. 예를 들어 실온보관 화장품의 경우에는 온도 40±2℃ / 상대습도 75±5%로, 냉장보관 화장품의 경우에는 온도 25±2℃ / 상대습도 60±5%로 한다.
ㅂ. 개봉 후 안정성 시험은 화장품 사용 후에 일어날 수 있는 오염 등을 고려한 사용기한을 설정하기 위하여 단기간에 걸쳐 물리·화학적, 미생물학적 안정성 및 용기 적합성을 확인하는 시험을 말한다.

① ㄱ, ㄷ, ㅂ
② ㄱ, ㄴ, ㄹ
③ ㄴ, ㅁ, ㅂ
④ ㄷ, ㄹ, ㅁ
⑤ ㄹ, ㅁ, ㅂ

14. 맞춤형화장품 조제관리사에게 향료 알레르기가 있는 고객이 〈보기〉의 제품에 대해 문의를 해왔다. 다음 중 조제관리사가 고객에게 설명해야 할 알레르기 유발 물질이 아닌 것은?

<보기>

- 제품명: 유기농 모이스춰 촉촉 로션
- 제품의 유형: 액상 에멀션류
- 내용량: 50g
- 전성분: 정제수, 1,3부틸렌글리콜, 글리세린, 스쿠알란, 호호바유, 모노스테아린산글리세린, 피이지 소르비탄지방산에스터, 1,2헥산디올, 녹차추출물, 황금추출물, 참나무이끼추출물, 토코페롤, 잔탄검, 구연산나트륨, 수산화칼륨, 벤질알코올, 유제놀, 리모넨

① 유제놀　② 리모넨
③ 황금추출물　④ 벤질알코올
⑤ 참나무이끼추출물

15. 다음 〈보기〉는 화장품에 사용되는 수성원료 중 물과 알코올에 대한 설명의 일부이다. 각 원료의 특징에 대한 설명으로 옳지 않은 것을 모두 고른 것은?

<보기>

물

ㄱ. 화장품 제조에 사용하는 물은 정제수를 사용하며, 일반적으로 이온 교환법과 역삼투 방식을 통하여 물을 정제한 후 자외선 살균법을 통하여 정제수를 살균 및 보관한다.

ㄴ. 사용한 정제수 용기의 물의 재사용은 1회에 한하며, 정제수 보존기한은 7일로 정한다.

ㄷ. 정제수의 품질관리용 검체 채취구는 위를 향하도록 설치하여 배수가 용이하도록 해야 하며, 오염 방지를 위해 밀폐 관리해야 한다.

알코올

ㄹ. 알코올은 R−OH(R: 알킬기, C_nH_{2n+1}) 화학식을 가지는 물질로 하이드록시기(−OH)의 숫자에 따라 1가, 2가 … 알코올이라 하고, 친수성(Hydrophile)의 성질을 갖는다.

ㅁ. 에탄올(Ethanol, C_2H_5OH)은 에틸 알코올이라고도 하며, 휘발성이 있어 청량감과 수렴효과를 준다.

ㅂ. 폴리올은 극성인 하이드록시(−OH)를 1개 이상 가지고 있어 물과 결합이 가능하여 보습제로 사용한다.

ㅅ. 소르비톨은 6가 알코올로 무색의 점성이 있는 맑은 액이며, 냄새는 없고 청량한 단맛이 있다.

① ㄱ, ㄴ, ㅁ　② ㄱ, ㄹ, ㅅ
③ ㄴ, ㄷ, ㅂ　④ ㄴ, ㄹ, ㅁ
⑤ ㄷ, ㅂ, ㅅ

16. 맞춤형화장품 조제관리사는 〈성분표〉를 분석하여 특정 성분을 동일한 기능을 가진 다른 성분으로 대체하고자 한다. 다음 중 밑줄 친 ㉠~㉤에 대한 대체 성분의 연결이 올바르지 않은 것은?

<성분표>

정제수, 1,3−부틸렌글리콜, ㉠ 소듐라우릴설페이트, 트레할로스, 솔비톨, ㉡ 마그네슘아스코빌포스페이트, ㉢ 라놀린, 네롤리, 참나무이끼추출물, 1,2−헥산디올, ㉣ 디소듐이디티에이, 티타늄디옥사이드, ㉤ 위치하젤, 향료

① ㉠ − 트라이에탄올아민라우릴설페이트
② ㉡ − 아스코빌테트라이소팔미테이트
③ ㉢ − 미네랄 오일
④ ㉣ − 이디티에이
⑤ ㉤ − 베타인

17. 다음 화장품 사용 시의 주의사항 중 모든 화장품에 적용되는 공통사항으로 옳지 않은 것은?

① 직사광선을 피해서 보관할 것
② 어린이의 손이 닿지 않는 곳에 보관할 것
③ 상처가 있는 부위 등에는 사용을 자제할 것
④ 공기와 접촉을 피하여 서늘한 곳에 보관할 것
⑤ 화장품 사용 시 또는 사용 후 직사광선에 의하여 사용부위가 붉은 반점, 부어오름 또는 가려움증 등의 이상 증상이나 부작용이 있는 경우 전문의 등과 상담할 것

18. 다음 〈보기〉는 「천연화장품 및 유기농화장품의 기준에 관한 규정」이다. 빈칸에 들어갈 숫자와 단어를 차례로 나열한 것은?

<보기>

- 천연화장품은 중량 기준으로 천연 함량이 전체 제품에서 (㉠)% 이상으로 구성되어야 한다.
- 유기농화장품은 중량 기준으로 유기농 함량이 전체 제품에서 (㉡)% 이상이어야 하며, 유기농 함량을 포함한 천연 함량이 전체 제품에서 (㉠)% 이상으로 구성되어야 한다.
- 화장품의 책임판매업자는 천연화장품 또는 유기농화장품으로 표시·광고하여 제조, 수입 및 판매할 경우 이 고시에 적합함을 입증하는 자료를 구비하고, 제조일(수입일 경우 통관일)로부터 3년 또는 (㉢) 경과 후 1년 중 긴 기간 동안 보존하여야 한다.

	㉠	㉡	㉢
①	90	5	사용기간
②	90	10	사용기한
③	95	5	사용기간
④	95	10	사용기한
⑤	97	5	유통기한

19. 다음 중 〈보기〉의 빈칸에 들어갈 원료에 대한 설명으로 옳지 않은 것은?

<보기>

(　　　　　　　　)
- 백색 또는 미백색의 분말로 차이나 클레이(China clay)라고도 부름
- 친수성으로 피부 부착력이 우수함
- 땀이나 피지의 흡수력이 우수함

① 무기안료의 일종으로 출발물질은 광물이다.
② 피복력을 주된 목적으로 하며 굴절률이 높고 입자경이 작다.
③ 체질안료 중의 하나로, 탤크와 함께 주로 벌킹제로서 작용을 한다.
④ 제품의 양을 늘리거나 농도를 묽게 하기 위하여 다른 안료에 배합하여 사용한다.
⑤ 제품의 사용성, 퍼짐성, 부착성, 흡수성, 광택 등을 조성하는 데 사용되는 무채색의 안료이다.

20. 다음 「천연화장품 및 유기농화장품의 기준에 관한 규정」 중 최종적으로 회수되거나 제거되어도 사용할 수 없는 석유화학 용제가 아닌 것은?

① 황 유래 용제
② 방향족 유래 용제
③ DMSO 유래 용제
④ 니트로젠 유래 용제
⑤ 알콕실레이트화 유래 용제

21. 다음은 「화장품 안전기준 등에 관한 규정」 [별표 2]의 일부이다. 빈칸에 공통으로 들어갈 성분명으로 옳은 것은?

원료명	사용 한도
(　　　　　　) (메칠헵틴카보네이트)	0.01% (메칠옥틴카보네이트와 병용 시 최종제품에서 두 성분의 합은 0.01%, 메칠옥틴카보네이트는 0.002%)
메칠옥틴카보네이트 (메칠논-2-이노에이트)	0.002% ((　　　　　　)와 병용 시 최종제품에서 두 성분의 합이 0.01%)

① 메칠헵타디에논
② 메칠 2-옥티노에이트
③ 3-메칠논-2-엔니트릴
④ p-메칠하이드로신나믹알데하이드
⑤ 메톡시디시클로펜타디엔카르복스알데하이드

22. 다음 중 「화장품법 시행규칙」에 따라 포장에 함량을 기재·표시해야 하는 화장품이 <u>아닌</u> 것은?
① 자연유래 페퍼민트 향수
② 치아씨드 함유 수분크림
③ 촉촉보습 순한 베이비 수딩젤
④ 유기농원료 듬뿍 호호바 오일
⑤ 인체 세포·조직 배양액이 함유된 탄력가득 아이크림

23. 다음 중 〈보기〉의 조건을 필요로 하는 안정성 시험의 명칭으로 옳은 것은?

<보기>
- 로트의 선정: 3로트 이상, 시중에 유통할 제품과 동일한 처방·제형·포장용기 사용
- 보존조건: 유통경로 및 제형 특성에 따라 적절한 시험조건 설정, 일반적으로 장기보존시험의 지정저장온도보다 15℃ 이상 높은 온도에서 시험
- 시험조건
  - 실온보관제품: 온도 40±2℃ / 상대습도 75±5%
  - 냉장보관제품: 온도 25±2℃ / 상대습도 60±5%
- 시험기간: 6개월 이상
- 측정시기: 시험 개시 때를 포함하여 최소 3번

① 장기보존시험
② 가속시험
③ 가혹시험
④ 온도 편차 및 극한 조건시험
⑤ 개봉 후 안정성시험

24. 다음 중 화장품에 사용되는 성분의 종류와 특성이 올바르게 짝지어지지 <u>않은</u> 것은?
① 정제수: 시험항목 및 규격은 화장품의 원료로 사용하는 물로서, 위생적인 측면과 다른 원료들의 용해도, 경시변화에 따른 침전, 탈색·변색에 대한 영향, 피부에 대한 작용 등을 고려할 때 필요한 정도의 순도를 규정하기 위함에 품질 관리의 목적이 있다.
② 오일: 물에 녹지 않고 기름에 녹는 물질로, 추출원에 따라 식물성 오일, 동물성 오일, 지방, 광물성 오일을 포함하는 천연유와 합성유로 분류할 수 있다.
③ 보습제: 피부의 수분량을 부여하거나 수분 손실을 막아 피부를 부드럽고 촉촉하게 하는 역할을 하며 히알루론산, 우레아, 소듐 락테이트 등을 포함하는 흡습제와 페트롤라툼, 미네랄 오일, 라놀린 등을 포함하는 폐색제로 나뉜다.
④ 에탄올: 화장품에는 변성 에탄올을 주로 사용하며 에탄올의 배합량이 낮아지면 살균·소독 작용이 높아진다.
⑤ 계면활성제: 계면에 흡착하여 그 성질을 현저히 변화시키는 역할을 하며 한 분자 내에 친수성기와 친유성기를 모두 가지는 물질이다.

25. 다음은 「화장품 안전기준 등에 관한 규정」 [별표 1]의 일부이다. ㉠, ㉡에 들어갈 단어와 숫자가 올바르게 짝지어진 것은?

> [별표 1] 사용할 수 없는 원료
> - 메타닐옐로우
> - 메탄올(에탄올 및 (㉠)의 변성제로서만 알코올 중 (㉡)%까지 사용)
> - 메테토헵타진 및 그 염류
> - 메토카바몰
> - 메토트렉세이트

	㉠	㉡
①	부틸알코올	3
②	이소프로필알코올	3
③	부틸알코올	5
④	이소프로필알코올	5
⑤	프로필알코올	5

26. 다음 〈보기〉는 회수대상 화장품에 따른 위해성 등급에 대한 설명 중 일부이다. ㉠~㉣에 들어갈 숫자를 모두 더한 값으로 옳은 것은?

> <보기>
> - 맞춤형화장품 조제관리사를 두지 아니하고 판매한 맞춤형화장품: 회수기간 (㉠)일
> - 병원미생물에 오염된 화장품: 회수기간 (㉡)일
> - 화장품의 제조 등에 사용할 수 없는 원료를 사용한 화장품: 회수기간 (㉢)일
> - 안전용기·포장기준에 위반되는 화장품: 회수기간 (㉣)일

① 60　② 75
③ 90　④ 105
⑤ 120

27. 다음 〈보기〉에서 설명하는 용어의 명칭으로 옳은 것은?

> <보기>
> - 피부에 조이는 느낌을 주는 물질이다.
> - 피부에 아린감을 부여하는 물질이다.

① 수렴제　② 보존제
③ 보습제　④ 용해 보조제
⑤ 동결 방지제

28. 다음 설비기구 세척 여부의 판정방법 중 린스정량의 방법으로 옳지 <u>않은</u> 것은?

① HACCP법　② HPLC법
③ TLC법　④ TOC법
⑤ UV확인법

29. 다음 중 「우수화장품 제조 및 품질관리기준 해설서」에 따른 보관용 검체에 대한 설명으로 옳지 <u>않은</u> 것은?

① 보관용 검체의 보관 목적은 제품 및 그 포장의 특성을 검증하기 위해서이다.
② 보관용 검체는 소비자 불만과 기타 소비자 질문 사항의 조사를 위한 중요한 도구이다.
③ 보관용 검체는 개봉 후 사용기간을 기재하는 경우 제조일로부터 5년간 보관하여야 한다.
④ 제품의 검체 채취란 제품 시험용 및 보관용 검체를 채취하는 일이며 품질관리부서 검체 채취 담당자가 실시한다.
⑤ 완제품의 보관용 검체는 적절한 보관조건 하에 지정된 구역 내에서 제조단위별로 사용기한 경과 후 1년간 보관하여야 한다.

30. 다음 〈보기〉 중 설비의 유지관리 기준에 대한 설명으로 옳은 것을 모두 고른 것은?

<보기>

ㄱ. 유지관리 작업이 제품의 품질에 긍정적인 영향을 주어야 한다.
ㄴ. 모든 제조 관련 설비는 승인된 자만이 접근·사용하여야 한다.
ㄷ. 세척한 설비는 다음 사용 시까지 오염되지 아니하도록 관리하여야 한다.
ㄹ. 건물, 시설 및 주요 설비는 정기적으로 점검하여 화장품의 제조 및 품질관리에 지장이 없도록 유지·관리·기록하여야 한다.
ㅁ. 결함 발생 및 정비 중인 설비는 적절한 방법으로 표시하고, 고장 등 사용이 불가할 경우 정상적인 설비와는 장소를 분리하여 보관하여야 한다.
ㅂ. 제품의 품질에 영향을 줄 수 있는 검사·측정·시험장비 및 자동화장치는 계획을 수립하여 정기적으로 교정 및 성능점검을 하고 기록해야 한다.

① ㄱ, ㄴ, ㄷ, ㅂ
② ㄱ, ㄴ, ㄷ, ㄹ
③ ㄴ, ㄷ, ㅁ, ㅂ
④ ㄴ, ㄷ, ㄹ, ㅂ
⑤ ㄱ, ㄴ, ㄷ, ㄹ, ㅁ, ㅂ

31. 다음 〈보기〉는 대상 작업실에 따른 구조 조건, 관리기준이 순서대로 나열된 것이다. 청정도 등급에 따른 구조 조건과 관리기준이 올바르게 관리되고 있는 시설의 총 개수는?

<보기>

	해당 작업실	구조 조건	관리기준
ㄱ	포장실	Med－filter, 온도조절	포장재의 외부 청소 후 반입, 갱의
ㄴ	제조실	Pre－filter, Med－filter (필요 시 HEPA－filter), 분진발생실 주변 양압, 제진 시설	낙하균 30개/hr 또는 부유균 200개/m^3
ㄷ	성형실	Pre－filter, Med－filter (필요 시 HEPA－filter), 분진발생실 주변 양압, 제진 시설	낙하균 30개/hr 또는 부유균 200개/m^3
ㄹ	관리품 보관소	환기 (온도조절)	낙하균 20개/hr 또는 부유균 100개/m^3
ㅁ	내용물 보관소	Pre－filter, Med－filter (필요 시 HEPA－filter)	낙하균 30개/hr 또는 부유균 200개/m^3
ㅂ	미생물 시험실	Pre－filter, 온도조절	낙하균 30개/hr 또는 부유균 200개/m^3
ㅅ	Clean bench	Pre－filter, Med－filter, HEPA－filter, Clean bench / booth, 온도 조절	낙하균 10개/hr 또는 부유균 20개/m^3

① 2개 ② 3개 ③ 4개
④ 5개 ⑤ 6개

32. 다음 〈보기〉는 특정미생물 시험에 대한 설명이다. 설명에 해당하는 세균의 종류로 옳은 것은?

<보기>

- 검체 1g 또는 1mL을 유당액체배지를 희석배지로 사용하여 검액을 제조한다. 전처리된 검액은 30~35°C에서 24~72시간 배양한다.
- 배양액을 가볍게 흔든 다음 백금이 등으로 취하여 맥콘키한천배지 위에 도말하고 30~35℃에서 18~24시간 배양한다. 주위에 적색의 침강선띠를 갖는 적갈색의 그람음성균의 집락 검출 유무로 판정한다.
- 위의 특정을 나타내는 집락이 검출되는 경우에는 에오신메칠렌블루한천배지에서 각각의 집락을 도말하고 30~35℃에서 18~24시간 배양한다.
- 에오신메칠렌블루한천배지에서 금속 광택을 나타내는 집락 또는 투과광선하에서 흑청색을 나타내는 집락이 검출되면 백금이 등으로 취하여 발효시험관이 든 유당액체배지에 넣어 44.3~44.7℃의 항온수조 중에서 22~26시간 배양한다.
- 가스발생이 나타나는 경우에는 양성으로 의심하고 동정시험으로 확인한다.

① 폐렴균 ② 녹농균
③ 대장균 ④ 살모넬라균
⑤ 황색포도상구균

33. 다음 중 포장재의 입고 및 보관에 대한 설명으로 옳지 않은 것은?

① 원료와 포장재가 재포장될 경우 기존 용기와 별도로 표시하여야 한다.
② 포장재는 제조단위별로 각각 구분하여 관리하며 선입선출 방식으로 출고하여야 한다.
③ 포장재는 검사 중, 적합, 부적합에 따라 각각의 구분된 공간에 별도로 보관되어야 한다.
④ 자동화 창고와 같이 혼동을 방지할 수 있는 경우에는 해당 시스템을 통해 관리하여야 한다.
⑤ 포장재 선적 용기에 대하여 확실한 표기 오류, 용기 손상, 봉인 파손, 오염 등에 대해 육안으로 검사하여야 한다.

34. 다음 〈보기〉는 제품의 입고·보관·출하 과정을 설명한 것이다. 과정을 순서대로 바르게 나열한 것은?

<보기>

ㄱ. 포장 공정
ㄴ. 시험 중 라벨 부착
ㄷ. 임시 보관
ㄹ. 제품시험 합격
ㅁ. 합격라벨 부착
ㅂ. 보관
ㅅ. 출하

① ㄱ → ㄴ → ㄷ → ㄹ → ㅁ → ㅂ → ㅅ
② ㄱ → ㄴ → ㄷ → ㅁ → ㄹ → ㅂ → ㅅ
③ ㄱ → ㄴ → ㄹ → ㅁ → ㄷ → ㅂ → ㅅ
④ ㄱ → ㄷ → ㄹ → ㄴ → ㅁ → ㅂ → ㅅ
⑤ ㄱ → ㄷ → ㅁ → ㄴ → ㄹ → ㅂ → ㅅ

35. 다음 〈보기〉는 우수화장품 제조 및 품질관리기준 적합판정을 받은 업소에 대한 사후관리이다. 빈칸에 들어갈 내용으로 옳은 것은?

<보기>

식품의약품안전처장은 우수화장품 제조 및 품질관리기준 적합판정을 받은 업소에 대해 우수화장품 제조 및 품질관리기준 실시상황평가표에 따라 (　　　) 실태조사를 실시하여야 한다.

① 매년 ② 격년으로
③ 3년에 1회 이상 ④ 4년에 1회 이상
⑤ 5년에 1회 이상

36. 다음 중 「우수화장품 제조 및 품질관리기준」에 따른 화장품의 폐기처리에 대한 설명으로 옳지 않은 것은?

① 재입고할 수 없는 제품의 폐기처리 규정을 작성하여야 한다.

② 폐기 대상인 화장품은 따로 보관하고 규정에 따라 신속하게 폐기하여야 한다.

③ 품질에 문제가 있거나 회수 및 반품된 제품의 폐기는 품질보증 책임자에 의해 승인되어야 한다.

④ 변질 및 변패 또는 병원미생물에 오염되지 않고 사용기한이 6개월 이상 남은 화장품은 재작업을 할 수 있다.

⑤ 변질 및 변패 또는 병원미생물에 오염되지 않고 제조일로부터 1년이 경과하지 않은 화장품은 재작업을 할 수 있다.

37. 다음 〈보기〉 중 인체적용시험과 인체첩포시험에 대한 설명으로 옳은 것을 모두 고른 것은?

<보기>

ㄱ. 인체적용시험은 인체사용시험이다.
ㄴ. 인체적용시험은 독성시험법 중 하나이다.
ㄷ. 인체적용시험은 기능성화장품의 유효성 또는 기능을 증명할 수 있다.
ㄹ. 인체첩포시험은 해당 화장품의 효과 및 안전성을 확인하기 위하여 실시한다.
ㅁ. 인체첩포시험은 화장품의 표시·광고 내용을 증명할 목적으로 하는 연구이다.
ㅂ. 인체첩포시험은 patch 제거에 의한 일과성의 홍반의 소실을 기다려 관찰·판정한다.

① ㄱ, ㄷ　② ㄴ, ㄹ
③ ㄴ, ㅁ　④ ㄷ, ㄹ
⑤ ㄷ, ㅂ

38. 다음 중 영유아 또는 어린이 사용 화장품의 관리에 관한 설명으로 옳지 않은 것은?

① 식품의약품안전처장은 소비자가 화장품을 안전하게 사용할 수 있도록 교육 및 홍보를 할 수 있다.

② 영유아 또는 어린이의 연령 기준은 영유아는 만 3세 이하, 어린이는 만 4세 이상부터 만 12세 이하까지이다.

③ 제품별 안전성 자료에는 제품 및 제조방법에 대한 설명 자료, 화장품의 안전성 평가 자료, 제품의 효능·효과에 대한 증명자료가 있다.

④ 식품의약품안전처장은 화장품에 대하여 제품별 안전성 자료, 소비자 사용실태, 사용 후 이상사례 등에 대하여 주기적으로 실태조사를 실시하여야 한다.

⑤ 화장품책임판매업자는 영유아 또는 어린이가 사용할 수 있는 화장품임을 표시·광고하려는 경우에는 제품별로 안전과 품질을 입증할 수 있는 자료를 작성하여야 한다.

39. 다음 〈대화〉는 맞춤형화장품 조제관리사 미선과 그의 학생이 나눈 대화이다. 빈칸에 들어갈 학생의 답변으로 옳지 않은 것은?

<대화>

미선: 시험 준비는 잘 되고 있나요? 오늘은 어느 부분을 공부하고 있죠?
학생: 화장품의 포장재 부분이요. 공부하다보니 더 헷갈리는데, 문제 하나 내주실 수 있나요?
미선: 물론이죠. 맞춤형화장품판매업자가 안전용기·포장 등의 사용의무와 기준에 대해서 확인해야 하는 내용은 뭐가 있을까요?
학생: (　　　　　　　　　　　　　　　　　　)

① 만 5세 미만의 어린이가 개봉하기 어렵게 설계된 용기 또는 포장인지를 확인해야 해요.
② 어린이가 화장품을 잘못 사용하여 인체에 위해를 끼치는 사고가 발생하지 않도록 한 용기인지를 확인해야 해요.
③ 개별포장당 메틸살리실레이트를 5퍼센트 이상 함유하는 액체 상태의 제품이 안전용기에 들어 있는지를 확인해야 해요.
④ 용기와 포장이 성인이나 어린이에게 개봉하기 어렵게 고안되어 안전성 기준에 적합한 것인지 확인해야 해요.
⑤ 아세톤을 함유하는 네일 에나멜 리무버와 네일 폴리시 리무버가 안전용기·포장이 되어 있는지 확인해야 해요.

40. 다음 중 「화장품 안전기준 등에 관한 규정」 [별표 3] 인체 세포·조직 배양액 안전기준에 대한 설명으로 가장 적절한 것은?

① 제조공정 중 오염을 방지하는 등 위생관리를 위한 제조관리 기준서를 작성하고 이에 따라야 한다.
② 인체 세포·조직 배양액을 제조하는 데 필요한 세포·조직은 채취 혹은 보존에 필요한 위생상의 관리가 가능한 제조시설에서 채취된 것만을 사용한다.
③ 인체 세포·조직 배양액을 제조하는 배양시설은 청정등급 1B(Class 10,000) 이상의 구역에 설치해야 한다.
④ "윈도우 피리어드(window period)"란 감염 초기에 세균, 진균, 바이러스 및 그 항원·항체·유전자 등을 검출할 수 있는 기간을 말한다.
⑤ 화장품제조업자는 세포·조직의 채취, 검사, 배양액 제조 등을 실시한 기관에 대하여 안전하고 품질이 균일한 인체 세포·조직 배양액이 제조될 수 있도록 관리·감독을 철저히 해야 한다.

41. 다음 중 안정성시험의 장기보존시험과 가속시험에 공통으로 적용되는 시험항목에 대한 설명으로 옳지 않은 것은?

① 일반시험은 균등성, 향취 및 색상, 사용감, 액상, 유화형, 내온성 시험을 수행한다.
② 용기적합성 시험은 제품과 용기 사이의 상호작용(용기의 제품 흡수, 부식, 화학적 반응 등)에 대한 적합성을 평가하는 시험을 수행한다.
③ 물리·화학적 시험은 성상, 향, 사용감, 점도, 질량 변화, 분리도, 유화상태, 경도 및 pH 등 제제의 물리·화학적 성질을 평가하는 시험을 수행한다.
④ 기계·물리적 시험은 개별 화장품의 취약성, 예상되는 운반, 보관, 진열 및 사용 과정에서 뜻하지 않게 일어날 가능성 있는 가혹한 조건에서 품질 변화를 검토하기 위해 수행한다.
⑤ 미생물학적 시험은 정상적으로 제품 사용 시 미생물 증식을 억제하는 능력이 있음을 증명하는 미생물학적 시험 및 필요 시 기타 특이점 시험을 통해 미생물에 대한 안정성을 평가하는 시험을 수행한다.

42. 다음 중 화장품의 종류에 따른 포장공간비율과 포장횟수가 올바르게 연결되지 않은 것을 모두 고른 것은?

ㄱ. 단위제품으로서의 샴푸, 포장공간비율 15% 이하, 포장횟수 2차 이내
ㄴ. 단위제품으로서의 바디워시, 포장공간비율 10% 이하, 포장횟수 3차 이내
ㄷ. 단위제품으로서의 마스카라, 포장공간비율 10% 이하, 포장횟수 2차 이내
ㄹ. 단위제품으로서의 방향제, 포장공간비율 10% 이하, 포장횟수 2차 이내
ㅁ. 종합제품으로서의 클렌징폼, 포장공간비율 25% 이하, 포장횟수 3차 이내
ㅂ. 종합제품으로서의 립스틱, 포장공간비율 25% 이하, 포장횟수 2차 이내

① ㄱ, ㄷ ② ㄱ, ㄹ
③ ㄴ, ㅁ ④ ㄴ, ㅂ
⑤ ㅁ, ㅂ

43. 다음 중 「우수화장품 제조 및 품질관리기준」의 분류 기준에 따른 감사의 종류와 특징이 올바르게 연결된 것은?

① 외부 감사는 판매자의 요구사항, 회사 정책 및 정부 규정의 준수에 대한 평가를 말한다.
② 제품 감사는 제품의 생산 및 유통에 이용되는 시스템의 유효성에 대한 종합적인 평가를 말한다.
③ 내부 감사는 조직의 직접적 통제 하에 피감사 대상이 되는 부서에 대한 감사를 말한다.
④ 사전 감사는 수탁계약자나 공급자와 같은 회사 외부의 피감사 대상 부서나 조직에 대한 감사를 말한다.
⑤ 시스템 감사는 무작위로 추출한 검체를 통한 생산 설비의 가동이나 제조 공정의 품질에 대한 평가를 말한다.

44. 〈보기〉는 「우수화장품 제조 및 품질관리기준(CGMP)」 제15조 기준서에 대한 설명이다. ㉠과 ㉡에 들어갈 서류를 올바르게 나열한 것은?

<보기>

제조 및 품질관리의 적합성을 보장하는 기본 요건들을 충족하고 있음을 보증하기 위하여 제품표준서, 제조관리기준서, (㉠) 및 (㉡)를 작성하고 보관하여야 한다.

	㉠	㉡
①	제품기준서	판매내역서
②	제조지시서	품질관리기록서
③	제조관리기록서	품질관리기록서
④	제조관리기록서	제조위생관리기준서
⑤	품질관리기준서	제조위생관리기준서

45. 작업소의 위생 중 설비의 세척 원칙으로 옳지 않은 것은?

① 위험성이 없는 용제로 세척해야 한다는 점에서 물이 최적의 용제로 권장된다.
② 설비 세척의 완료 여부를 육안으로 확인하기 어렵다는 점에서 증기 세척을 권장하지 않는다.
③ 설비 내벽에 잔존할 위험성이 높아 제품에 악영향을 미친다는 점에서 세제 세척을 권장하지 않는다.
④ 설비의 세척 후에는 반드시 세척 여부를 판정해야 하며 판정 후의 설비는 건조·밀폐해서 보존한다.
⑤ 분해할 수 있는 설비는 분해해서 세척하며 세척의 유효기간을 미리 설정하여 유효기간이 지난 설비는 재세척하여 사용한다.

46. 다음 〈보기〉는 원료 및 내용물의 입고관리에 대한 내용 중 일부이다. ㉠, ㉡에 들어갈 단어가 올바르게 짝지어진 것은?

<보기>

- 원자재의 입고 시 (㉠), 원자재 공급업체 성적서 및 현품이 서로 일치하여야 한다. 필요한 경우 운송 관련 자료를 추가적으로 확인할 수 있다.
- 원자재 용기에 제조번호가 없는 경우에는 관리번호를 부여하여 보관하여야 한다.
- 원자재 입고절차 중 육안확인 시 물품에 결함이 있을 경우 입고를 보류하고 격리보관 및 폐기하거나 (㉡)에게 반송하여야 한다.

	㉠	㉡
①	구매요구서	원자재 공급업자
②	거래명세서	책임판매업자
③	발주요청서	제조업자
④	거래명세서	위탁업체
⑤	구매요구서	책임판매업자

47. 다음 중 「우수화장품 제조 및 품질관리기준」에 따른 시험관리에 대한 설명으로 옳지 않은 것은?

① 제조일자별로 시험 기록을 작성·유지해야 한다.
② 원자재, 반제품 및 완제품에 대한 적합 기준을 마련한다.
③ 시험기록을 검토한 후 적합, 부적합, 보류를 판정해야 한다.
④ 원자재, 반제품 및 완제품은 적합판정이 된 것만을 사용하거나 출고해야 한다.
⑤ 품질관리를 위한 시험업무에 대해 문서화된 절차를 수립하고 유지해야 한다.

48. 다음 〈보기〉 중 「화장품 안전기준 등에 관한 규정」의 비의도적 유래성분의 검출 허용 한도에 따라 판매 가능한 화장품만을 모두 고른 것은?

<보기>

ㄱ. 납 30㎍/g 검출된 네일폴리시
ㄴ. 니켈 25㎍/g 검출된 립스틱
ㄷ. 비소 15㎍/g 검출된 샴푸
ㄹ. 안티몬 10㎍/g 검출된 마스카라
ㅁ. 카드뮴 5㎍/g 검출된 셰이빙 크림
ㅂ. 수은 5㎍/g 검출된 리퀴드 파운데이션
ㅅ. 디옥산 1,000㎍/g 검출된 아이섀도
ㅇ. 메탄올 0.1(v/v)% 검출된 폼 클렌저
ㅈ. 포름알데하이드 3,000㎍/g 검출된 향수
ㅊ. 프탈레이트류 1,000㎍/g 검출된 헤어 틴트

① ㄱ, ㅁ, ㅅ, ㅈ　② ㄱ, ㅂ, ㅇ, ㅈ
③ ㄴ, ㄷ, ㄹ, ㅂ　④ ㄴ, ㄹ, ㅁ, ㅇ
⑤ ㄴ, ㅅ, ㅇ, ㅊ

49. 다음 〈보기〉는 화장품책임판매업자가 판매하고자 하는 화장품 목록이다. 다음 목록 중 유통화장품의 pH 기준이 3.0~9.0이어야 하는 제품을 모두 고른 것은?

<보기>

ㄱ. 영유아용 샴푸　ㄴ. 영유아용 로션
ㄷ. 화장 비누　ㄹ. 폼 클렌저
ㅁ. 헤어 에센스　ㅂ. 셰이빙 크림
ㅅ. 아이 크림　ㅇ. 바디 로션

① ㄱ, ㄷ, ㄹ, ㅇ　② ㄱ, ㄹ, ㅂ, ㅇ
③ ㄴ, ㅁ, ㅂ, ㅅ　④ ㄴ, ㅁ, ㅅ, ㅇ
⑤ ㄷ, ㄹ, ㅁ, ㅅ

50. 다음은 「기능성화장품 기준 및 시험방법」 [별표 10] 일반시험법 중 점도측정법의 일부이다. ㉠, ㉡에 들어갈 단어를 순서대로 나열한 것으로 옳은 것은?

> 점도
> 액체가 일정 방향으로 운동할 때 그 흐름에 평행한 평면의 양측에 내부마찰력이 일어나는데 이 성질을 점성이라고 한다. 점성은 면의 넓이 및 그 면에 대하여 수직 방향의 속도구배에 비례하는데, 그 비례정수를 (㉠)라 하며 일정온도에 대하여 그 액체의 고유한 정수이다. 단위로는 포아스 또는 센티포아스를 쓴다. 절대점도를 같은 온도의 그 액체의 밀도로 나눈 값을 운동점도라고 말하고 그 단위로는 (㉡)를 쓴다.

	㉠	㉡
①	상대 점도	포아스
②	절대 점도	센티스톡스
③	상대 점도	센티스톡스
④	절대 점도	포아스
⑤	상대 점도	스톡스

51. 다음 중 직원의 손 위생에 대한 설명으로 가장 거리가 먼 것은?

① 고형 타입의 핸드 워시는 주로 산성을 나타낸다.
② 1회용 종이 또는 접촉하지 않는 손 건조기들을 포함한다.
③ 세정 시 반드시 흐르는 물을 이용하여 손을 세척한다.
④ 작업장 입실 전, 작업 중 손의 오염 시, 화장실 이용 이후 시행한다.
⑤ 핸드 새니타이저는 물을 사용하지 않고 세정 기능을 나타내는 제품이다.

52. 다음 〈보기〉 중 「화장품 안전기준 등에 관한 규정」에 따라 판매 가능한 맞춤형화장품만을 모두 고른 것은? (단, 〈보기〉의 모든 화장품에는 기재된 성분 외의 비의도적 유래성분은 없다고 가정한다)

<보기>

ㄱ. 메탄올을 0.001% 함유하고 포름알데하이드를 20㎍/g 함유한 물휴지
ㄴ. 수은 함량이 0.5㎍/g인 로션과 수은 함량이 2㎍/g인 로션을 4:6의 비율로 혼합한 맞춤형화장품
ㄷ. 안티몬 함량이 11㎍/g인 로션과 안티몬 함량이 7㎍/g인 로션을 5:5의 비율로 혼합한 맞춤형화장품
ㄹ. 니켈 함량이 35㎍/g인 립스틱과 니켈 함량이 28㎍/g인 립스틱을 2:3의 비율로 혼합한 맞춤형화장품
ㅁ. 납 함량이 23㎍/g인 크림과 납 함량이 15㎍/g인 크림을 1:1의 비율로 혼합한 맞춤형화장품
ㅂ. 부틸벤질프탈레이트가 31㎍/g 함유된 파운데이션과 디에칠헥실프탈레이트가 73㎍/g 함유된 파운데이션을 1:1의 비율로 혼합한 맞춤형화장품

① ㄱ, ㄷ, ㄹ
② ㄱ, ㄷ, ㅁ
③ ㄴ, ㄷ, ㄹ
④ ㄴ, ㄹ, ㅁ
⑤ ㄴ, ㅁ, ㅂ

53. 다음 중 표피의 정의와 특징에 대한 설명으로 옳지 않은 것은?

① 두께는 평균적으로 눈꺼풀이 가장 얇고 손·발바닥이 가장 두껍다.
② 유극층에는 면역기능을 담당하며 면역반응 조절에 관여하는 세포가 있다.
③ 투명층에는 수분의 침투 및 증발을 억제하는 반유동성 물질인 엘라이딘이 있다.
④ 기저층에는 신경섬유말단과 연결되어 신경의 자극을 뇌에 전달하는 촉각 수용체 역할을 하는 세포가 있다.
⑤ 표피의 최상단에는 약 70%의 수분을 함유하는 각질층이 위치하고 있으며 최하단에는 약 20%의 수분을 함유하는 기저층이 위치하고 있다.

54. 다음 〈대화〉는 맞춤형화장품 조제관리사 미선과 양선이 나눈 대화이다. 밑줄 친 ㉠~㉤ 중 내용상 옳지 않은 것은?

<대화>

미선: 안녕하세요. 오늘부터 근무하게 되었습니다. 잘 부탁드립니다.
양선: 안녕하세요. 저희와 함께 해주셔서 감사합니다. 저희 매장은 두발용 제품을 주로 취급하고 있다는 사실, 알고 계시죠?
미선: 네, 잘 알고 있습니다.
양선: 그 어려운 시험도 통과하셨으니 잘 아시겠지만, 확인차 간단하게 질문드릴게요. 먼저 모발의 정의를 알고 있나요?
미선: 물론이죠. ㉠ 모발은 손바닥, 발바닥, 입술 등을 제외한 전신에 분포하는 피부의 부속기관으로 눈에 보이지 않는 모근부와 눈에 보이는 모간부로 나눌 수 있어요.
양선: 혹시 모근부와 모간부의 구조에 대해서도 대답해주실 수 있나요?
미선: ㉡ 모근부에는 모낭, 모구, 모유두, 모모세포, 멜라닌세포, 피지선, 입모근, 내모근초와 외모근초가 있습니다. ㉢ 모간부는 바깥에서부터 모표피와 모수질, 모피질 순서로 이루어져 있구요.
양선: 잘 들었습니다. 모발의 성장주기도 알고 계시죠?
미선: ㉣ 모발의 성장주기는 성장기, 퇴행기, 휴지기, 발생기의 4개의 과정으로 나눌 수 있습니다.
양선: 답변 감사합니다. 마지막으로 모발의 4대 화학적 결합을 두 종류로 분류하여 설명해 주세요.
미선: ㉤ 측쇄결합과 주쇄결합으로 분류할 수 있으며 측쇄결합에는 시스틴결합, 이온결합, 수소결합이 포함되고 주쇄결합에는 펩타이드결합이 포함됩니다.

① ㉠　② ㉡
③ ㉢　④ ㉣
⑤ ㉤

55. 다음 〈보기〉 중 화장품의 관능평가에 사용되는 올바른 표준품의 총 개수는?

<보기>

ㄱ. 제품 표준견본
ㄴ. 벌크제품 위치견본
ㄷ. 라벨 부착 표준견본
ㄹ. 충진 위치견본
ㅁ. 색소원료 평가견본
ㅂ. 원료 표준견본
ㅅ. 향료 표준견본
ㅇ. 용기·포장재 표준견본
ㅈ. 용기·포장재 평가견본

① 4개　② 5개
③ 6개　④ 7개
⑤ 8개

56. 다음 중 방향용 제품의 한 종류인 향수에 대한 설명으로 옳은 것은?

① 인체에 좋은 향을 부여할 목적으로 사용하며 향을 체취로 마스킹하기 위하여 사용한다.
② 성상에 따라 액상, 고체상, 파우더형 등이 있으며 일반적으로 파우더형의 유형을 가진다.
③ 천연향료와 합성향료의 혼합물인 조합향료를 에탄올에 용해시켜 만든 액체화장품을 의미한다.
④ 착향제의 함유량이 낮은 순서에 따라 퍼퓸, 오드퍼퓸, 오드뚜왈렛, 오드코롱, 샤워코롱으로 분류한다.
⑤ 발향 단계에 따라 탑노트, 미들노트, 베이스노트의 세 단계로 분류하며 베이스 노트는 라스트 노트라고도 부른다.

57. 다음 〈대화〉는 맞춤형화장품 조제관리사 미선과 그의 학생이 나눈 대화이다. 두 사람의 대화를 바탕으로 ㉠, ㉡에 들어갈 단어가 올바르게 짝지어진 것은?

<대화>

미선: 주말은 잘 쉬었나요? 지난주에는 자외선차단지수의 계산방법에 대해 배웠다면, 오늘은 자외선A차단지수의 계산방법에 대해 배워볼게요.
학생: 네! 알겠습니다.
미선: 수업 전에 나눠준 프린트물의 가장 앞장에 적힌 MPPDp값과 MPPDu값을 활용한 공식을 잘 읽어보고 계산해보세요.
학생: 공식 밑의 주의사항에 소수점 이하는 버리고 정수로 표시하라고 적혀 있으니까... 이 문제의 자외선A차단지수는 8이 나오네요.
미선: 그렇다면 분류표에 따라 이 화장품의 자외선A 차단등급은 (㉠)이고 차단효과는 (㉡)이겠군요. 이해하셨죠?

	㉠	㉡
①	PA	매우 낮음
②	PA+	낮음
③	PA++	보통
④	PA+++	높음
⑤	PA++++	매우 높음

58. 다음 중 피부의 수분 함량 및 보습력을 측정하는 방법으로 가장 적절한 것은?

① 피부의 전기전도도 측정방법
② 카트리지필름을 이용한 측정방법
③ 포토트리코그림을 이용한 측정방법
④ 헤모글로빈 수치를 이용한 측정방법
⑤ 피부에 음압을 가한 후 복원 정도를 측정하는 방법

59. 다음 중 화장비누에 대한 설명으로 옳지 <u>않은</u> 것은?

① 화장비누는 인체 세정용 제품류에 속한다.
② 화장비누는 건조중량과 수분포함중량을 함께 표기한다.
③ 피그먼트 적색 7호는 화장비누에만 사용할 수 있는 색소이다.
④ 화장비누는 유리알칼리가 0.1% 이하로 검출되어야 한다.
⑤ 화장비누를 단순 소분한 화장품은 맞춤형화장품이 아니다.

60. 다음은 「화장품 안전기준 등에 관한 규정」 [별표 2] 사용상의 제한이 필요한 원료 중 염모제 성분에 대한 설명이다. ㉠, ㉡에 들어갈 단어와 숫자가 올바르게 짝지어진 것은?

(㉠)
- 갈산을 가열하여 얻는 페놀성 화합물로, 무색의 결정
- 식물체에 널리 분포되어 있으며, 산소에 대한 반응성이 매우 크기 때문에 혼합 기체에서 산소를 제거하거나 기체 분석에서 산소를 정량하는 용도로 사용
- 물, 알코올, 에테르에 녹으며 환원제, 사진의 현상액, 방부제, 분석용 시약 등으로 사용
- 염모제에서 (㉡)% 이하로만 사용 가능

	㉠	㉡
①	카테콜	1.5%
②	몰식자산	4.0%
③	레조시놀	2.0%
④	피로갈롤	2.0%
⑤	피크라민산	0.6%

61. 다음 중 피부의 주름 개선을 주목적으로 하는 효소와 가장 거리가 먼 것은?

① 티로시나아제
② 콜라게나아제
③ 젤라티나아제
④ 엘라스티나아제
⑤ 스트로멜리신

62. 다음 〈보기〉 중 피부의 유형에 따른 특징이 올바르게 연결된 것을 모두 고른 것은?

<보기>

ㄱ. 정상 피부는 유분과 수분의 밸런스가 좋고 피지, 땀 등의 분비가 정상적으로 작동하며 모공의 크기가 작아 눈에 모공이 잘 보이지 않는다.
ㄴ. 노화 피부는 수분 유지능력과 탄력이 저하되어 모공이 수축되면서 주름이 발생하는 피부로, 피지 분비능력도 함께 저하되어 쉽게 건조함을 느낀다.
ㄷ. 건성 피부는 각질층의 수분 함량이 10% 미만으로 매우 건조하며 피지 분비량 또한 적기 때문에 주름이 쉽게 생길 수 있다.
ㄹ. 여드름 피부는 사춘기 이후 남성호르몬인 에스트로겐의 분비에 의한 피지 분비량 증가가 원인이며 피지선이 발달되어 있는 얼굴, 가슴, 등, 목에 주로 발생한다.
ㅁ. 민감성 피부는 내·외부 요인에 의해 쉽게 창백해지는 피부로 피지 분비가 적고 수분이 부족하여 쉽게 건조함을 느낀다.
ㅂ. 복합성 피부는 2가지 이상의 피부 유형이 동시에 존재하는 상태로, 피지 분비량이 많은 이마에서 코로 이어지는 T존과 피지 분비량이 적은 눈 주위에서 턱과 목으로 이어지는 U존으로 나뉜다.
ㅅ. 색소침착 피부는 멜라노사이트에서 만들어진 멜라닌색소의 부족으로 발생하며 형태에 따라 기미, 주근깨, 검버섯, 잡티 등으로 나뉜다.
ㅇ. 지성 피부는 얼굴이 전체적으로 번들거리고 모공이 넓은 피부로 노화 피부로 악화될 가능성이 가장 높은 피부이다.

① ㄱ, ㄷ, ㄹ
② ㄱ, ㄷ, ㅂ
③ ㄱ, ㅁ, ㅅ
④ ㄴ, ㅂ, ㅇ
⑤ ㄴ, ㅅ, ㅇ

63. 다음 중 「화장품 표시·광고 실증에 관한 규정」에 따라 인체 적용시험 자료의 제출만으로 표시·광고할 수 없는 표현은?

① 이 화장품은 다크서클의 완화에 효과가 있습니다.
② 이 화장품은 여드름성 피부에의 사용에 적합합니다.
③ 이 화장품은 피부 콜라겐의 증가에 효과가 있습니다.
④ 이 화장품은 피부 혈행 개선에 도움을 줄 수 있습니다.
⑤ 이 화장품은 일시적인 셀룰라이트 감소에 효과가 있습니다.

64. 다음 중 산화되기 쉬운 성분을 함유한 물질에 첨가하여 산패를 막을 목적으로 사용되는 물질의 종류로 가장 거리가 먼 것은?

① BHT
② 인산염
③ 토코페롤
④ 아스코르빈산
⑤ 토코페릴 아세테이트

65. 다음 〈보기〉는 모발의 구조에 대한 내용 중 일부이다. ㉠, ㉡에 들어갈 단어가 올바르게 짝지어진 것은?

<보기>

• (㉠)
 – 모유두를 덮고 있는 세포
 – 끊임없는 분열과 증식으로 세포 분열이 왕성
 – 모발을 만들어내는 세포로 모유두 조직 내에 존재
• (㉡)
 – 모발의 색을 결정짓는 색소를 생성 및 저장하는 세포
 – (㉠)층에 주로 분포
 – 유해한 자외선을 흡수하여 피부를 보호하는 기능

	㉠	㉡
①	내모근초	외모근초
②	모모세포	멜라닌세포
③	모유두세포	모모세포
④	멜라닌세포	모유두세포
⑤	외모근초	내모근초

66. 다음 중 맞춤형화장품 조제관리사가 고객에게 적합한 제품을 추천한 경우로 옳은 것은?

① 맞춤형화장품 조제관리사 A는 주름 개선을 원하는 고객에게 레티놀, 나이아신아마이드가 함유된 제품을 추천하였다.
② 맞춤형화장품 조제관리사 B는 탈모 증상의 완화를 원하는 고객에게 엘-멘톨, 치오글리콜산이 함유된 제품을 추천하였다.
③ 맞춤형화장품 조제관리사 C는 피부 미백을 원하는 고객에게 유용성감초추출물, 마그네슘아스코빌포스페이트가 함유된 제품을 추천하였다.
④ 맞춤형화장품 조제관리사 D는 자외선 차단을 원하는 고객에게 벤조페논-8, 폴리에톡실레이티드레틴아마이드가 함유된 제품을 추천하였다.
⑤ 맞춤형화장품 조제관리사 E는 모발의 색상 변화를 원하는 고객에게 6-히드록시인돌, 4-메칠벤질리덴캠퍼가 함유된 제품을 추천하였다.

67. 맞춤형화장품 조제관리사 미선은 매장을 방문한 고객과 다음과 같은 〈대화〉를 나누었다. ㉠, ㉡에 들어갈 단어가 올바르게 짝지어진 것은?

<대화>

고객: 이번 여름휴가를 다녀온 후 피부색이 많이 짙어진 것 같아요. 다시 예전의 흰 피부로 돌아오고 싶은데 어쩌죠?
미선: 제가 육안으로 확인하기에도 그런 것 같네요. 우선 고객님의 피부 상태를 측정해 보도록 하겠습니다.
고객: 좋아요. 지난번에 해주셨던 측정 결과와 비교해 주시면 좋겠네요.
미선: 네. 이쪽에 앉으시면 (㉠)로 측정을 해드리겠습니다.

-피부 측정 후-

미선: 분석이 완료되었습니다. 말씀하신대로 이전에 방문하셨을 때보다 색소침착이 많이 진행되었네요. 미백을 위해 (㉡) 성분이 함유된 제품을 추천해드리겠습니다.

	㉠	㉡
①	Sebum Meter	소듐하이알루로네이트 함유 제품
②	pH Meter	아데노신 함유 제품
③	Corneometer	징크피리치온 함유 제품
④	Chromameter	나이아신아마이드 함유 제품
⑤	Magnifying Glass	살리실릭애씨드 함유 제품

68. 다음 〈보기〉 중 화장품의 물리적 변화에 해당하는 경우의 총 개수로 옳은 것은?

<보기>

변색, 분리, 응집, 변취, 침전, pH변화, 점도, 활성성분의 역가변화

① 4개 ② 5개
③ 6개 ④ 7개
⑤ 8개

69. 다음 중 기능성화장품의 종류에 해당하지 <u>않는</u> 것은?

① 피부에 탄력을 주어 피부의 주름을 완화 또는 개선하는 기능을 가진 화장품
② 자외선을 차단 또는 산란시켜 자외선으로부터 피부를 보호하는 기능을 가진 화장품
③ 모발의 색상을 탈염, 탈색시켜 일시적으로 모발의 색상을 변화시키는 기능을 가진 화장품
④ 피부장벽(피부의 가장 바깥쪽에 존재하는 각질층의 표피)의 기능을 회복하여 가려움 등의 개선에 도움을 주는 화장품
⑤ 피부에 멜라닌색소가 침착하는 것을 방지하여 기미·주근깨 등의 생성을 억제함으로써 피부의 미백에 도움을 주는 기능을 가진 화장품

70. 다음 중 맞춤형화장품판매업자 A~E가 받게 될 벌칙이 올바르게 짝지어지지 않은 것은?

① 맞춤형화장품판매업자 A는 동거인의 입원으로 맞춤형화장품판매업의 변경신고 기한을 놓쳤다. → 3년 이하의 징역 또는 3천만원 이하의 벌금

② 맞춤형화장품판매업자 B는 태국에서 들여온 호랑이 뼈를 사용한 수분크림의 판매글을 개인 SNS에 올렸다. → 200만원 이하의 벌금

③ 맞춤형화장품판매업자 C는 자신이 판매한 맞춤형화장품이 국민보건에 위해를 끼칠 수 있다는 사실을 깨달았음에도 회수에 필요한 조치를 하지 않았다. → 200만원 이하의 벌금

④ 맞춤형화장품판매업자 D는 식품회사 Z사의 허락을 받고 아이스크림 "냠냠콘"과 동일한 패키지를 사용한 핸드크림을 판매하였다. → 3년 이하의 징역 또는 3천만원 이하의 벌금

⑤ 맞춤형화장품판매업자 E는 캐나다에서 가져온 견본용 화장품의 내용물을 모아 공병에 담아 라벨링하여 50% 할인가로 판매하였다. → 1년 이하의 징역 또는 1천만원 이하의 벌금

71. 다음 〈보기〉에서 천연화장품 및 유기농화장품에 대한 설명으로 적절한 것을 모두 고른 것은?

<보기>

ㄱ. 유기농화장품은 동·식물 원료를 함유한 화장품 중 식품의약품안전처장이 정한 기준에 적합한 화장품이다.

ㄴ. 천연화장품 및 유기농화장품에 대한 인증의 취소를 명하고자 하는 경우에는 청문을 하여야 한다.

ㄷ. 인증기관의 장이 지정받은 사항을 변경하려는 경우에는 변경 사유가 발생한 날부터 30일 이내에 인증기관 지정사항 변경 신청서를 식품의약품안전처장에게 제출하여야 한다.

ㄹ. 인증의 유효기간을 연장받으려는 경우에는 유효기간 만료 60일 전까지 인증기관에 연장신청을 해야 한다.

ㅁ. 천연화장품 및 유기농화장품의 용기와 포장에 폴리염화비닐(PVC)을 사용할 수 없다.

ㅂ. 천연화장품 제조에 사용할 수 있는 보존제 원료로 합성 원료를 사용할 수 없다.

① ㄱ, ㄷ, ㅁ
② ㄱ, ㄷ, ㅂ
③ ㄴ, ㄷ, ㅁ
④ ㄷ, ㄹ, ㅁ
⑤ ㄷ, ㄹ, ㅂ

72. 다음 중 〈보기〉의 빈칸에 공통으로 들어갈 성분명으로 가장 적합한 것은?

<보기>

지용성 비타민의 일종인 ( )는 세포막을 유지시키는 역할을 하여 항산화 물질로 활성산소를 무력화시킨다. 노화방지 제품에 사용되며 화장품에 사용 가능한 한도는 20%이다. ( )을 0.5% 이상 함유하는 제품의 경우 안정성시험 자료를 최종 제조된 제품의 사용기한이 만료되는 날부터 1년간 보존해야 한다.

① 비타민 A
② 비타민 B_5
③ 비타민 B_6
④ 비타민 C
⑤ 비타민 E

73. 다음 <보기> 중 표시·광고 실증을 위한 시험 결과의 요건으로 옳은 것만을 모두 고른 것은?

<보기>

ㄱ. 광고 내용과 관련이 있고 과학적이고 객관적인 방법에 의한 자료로서 신뢰성과 재현성이 확보되어야 한다.
ㄴ. 외국의 자료는 원문보다 주요사항을 발췌한 한글요약문을 제출할 수 있어야 한다.
ㄷ. 인체 적용시험은 「비임상시험관리기준」(식품의약품안전처 고시)에 근거한 윤리적 원칙에 따라 수행되어야 한다.
ㄹ. 국내외 대학 또는 화장품 관련 전문 연구기관에서 시험한 것으로서 기관의 장이 발급한 자료이어야 한다.
ㅁ. 피험자에게 동의를 얻기 위한 동의서 서식은 시험의 목적, 피험자에게 예상되는 위험이나 불편, 피험자가 피해를 입었을 경우 주어질 보상이나 치료방법, 피험자가 시험에 참여함으로써 받게 될 금전적 보상이 있는 경우 예상금액 등 시험에 관한 모든 정보를 포함하여야 한다.

① ㄱ, ㄴ, ㄷ
② ㄱ, ㄷ, ㄹ
③ ㄱ, ㄹ, ㅁ
④ ㄴ, ㄷ, ㄹ
⑤ ㄷ, ㄹ, ㅁ

74. 다음 중 화장품에 사용할 수 있는 성분과 그 사용한도가 올바르게 연결된 것은?

① 우레아 – 10%
② 암모니아 – 5%
③ 톨루엔(손·발톱용 제품에만) – 20%
④ RH(또는 SH) 올리고펩타이드-1 – 0.01%
⑤ 실버나이트레이트(속눈썹 및 눈썹 착색용도의 제품에만) – 0.4%

75. 다음은 맞춤형화장품 조제관리사가 화장품책임판매업자에게 받아온 제품의 <품질성적서>의 일부이다. 다음 중 「화장품 안전기준 등에 따른 규정」의 유통화장품 안전관리기준에 적합한 제품을 모두 고른 것은?

<품질성적서>

	A	B	C
분류	마스카라	베이비 로션	립글로스
중금속	• 안티몬 20㎍/g • 납 20㎍/g	• 카드뮴 3㎍/g • 비소 5㎍/g	• 수은 1㎍/g • 니켈 30㎍/g
미생물	• 세균 100개/g(mL) • 진균 200개/g(mL)	• 세균 200개/g(mL) • 진균 300개/g(mL)	• 세균 500개/g(mL) • 진균 200개/g(mL)

① A
② B
③ C
④ A, B
⑤ B, C

76. 다음 〈보기〉는 맞춤형화장품 조제관리사 미선이 만든 A 제품과 B 제품의 성분표이다. A와 B를 각각 40%와 60%로 혼합한다고 가정했을 때의 성분표 순서로 옳은 것은?

<보기>

- 제품 A: 정제수(89%), 세라마이드(8%), 참깨오일(3%)
- 제품 B: 정제수(90%), 글리세린(6%), 석류추출물(4%)

① 정제수, 글리세린, 세라마이드, 석류추출물, 참깨오일

② 정제수, 세라마이드, 글리세린, 석류추출물, 참깨오일

③ 정제수, 글리세린, 세라마이드, 참깨오일, 석류추출물

④ 정제수, 세라마이드, 글리세린, 참깨오일, 석류추출물

⑤ 정제수, 참깨오일, 글리세린, 석류추출물, 세라마이드

77. 다음과 같은 주의사항을 반드시 표시해야 하는 제품으로 옳은 것은?

화장품 사용 시 주의사항

- 화장품 사용 시 또는 사용 후 직사광선에 의하여 사용부위가 붉은 반점, 부어오름 또는 가려움증 등의 이상증상이나 부작용이 있는 경우 전문의 등과 상담할 것
- 상처가 있는 부위 등에는 사용을 자제할 것
- 보관 및 취급 시의 주의사항
  - 어린이의 손이 닿지 않는 곳에 보관할 것
  - 직사광선을 피해서 보관할 것
- 눈, 코 또는 입 등에 닿지 않도록 주의하여 사용할 것
- 프로필렌 글리콜을 함유하고 있으므로 이 성분에 과민하거나 알레르기 병력이 있는 사람은 신중히 사용할 것

① 체취 방지용 제품

② 우레아를 포함하는 손·발의 피부연화 제품

③ 알파-하이드록시애시드 함유 제품

④ 두발용, 두발염색용 및 눈 화장용 제품류

⑤ 퍼머넌트 웨이브 제품 및 헤어 스트레이트너 제품

78. 다음 〈보기〉에 해당하는 화장품의 1차 포장 또는 2차 포장에 생략할 수 있는 것은?

<보기>

- 내용량이 10밀리리터 이하 또는 10그램 이하인 화장품의 포장
- 판매의 목적이 아닌 제품의 선택 등을 위하여 미리 소비자가 시험·사용하도록 제조 또는 수입된 화장품의 포장

① 화장품의 명칭

② 가격

③ 타르색소

④ 사용기한 또는 개봉 후 사용기간(제조연월일을 병행 표기)

⑤ 화장품책임판매업자 또는 맞춤형화장품판매업자의 상호

79. 다음 중 맞춤형화장품판매업자가 준수해야 할 혼합·소분 안전관리기준이 아닌 것은?

① 맞춤형화장품 조제에 사용하고 남은 내용물 또는 원료는 밀폐가 되는 용기에 담는 등 의도적인 오염을 방지할 것

② 혼합·소분에 사용되는 내용물 및 원료가 「화장품법」 제8조의 화장품 안전기준 등에 적합한 것인지 여부를 확인하고 사용할 것

③ 소비자의 피부 유형이나 선호도 등을 확인하지 않고 맞춤형화장품을 미리 혼합·소분하여 보관하지 말 것

④ 혼합·소분 전에 내용물 및 원료의 사용기한 또는 개봉 후 사용기간을 확인하고, 사용기한 또는 개봉 후 사용기간이 지난 것은 사용하지 말 것

⑤ 혼합·소분에 사용되는 내용물 및 원료의 사용기한 또는 개봉 후 사용기간을 초과하여 맞춤형화장품의 사용기한 또는 개봉 후 사용기간을 정하지 말 것(다만 과학적 근거를 통하여 맞춤형화장품의 안정성이 확보되는 사용기한 또는 개봉 후 사용기간을 설정한 경우에는 예외로 함)

80. 다음 중 맞춤형화장품판매업자의 의무에 대한 설명으로 옳지 않은 것은?

① 맞춤형화장품판매업자는 맞춤형화장품 판매내역서를 작성·보관해야 한다.

② 맞춤형화장품판매업을 신고하려는 자는 맞춤형화장품의 혼합·소분 공간을 그 외의 용도로 사용되는 공간과 분리 또는 구획하여 갖추어야 한다.

③ 맞춤형화장품판매업자는 맞춤형화장품 사용과 관련된 부작용 발생사례에 대해서는 식품의약품안전처장이 정하여 고시하는 바에 따라 식품의약품안전처장에게 보고해야 한다.

④ 맞춤형화장품판매업자는 맞춤형화장품판매업소에 종사한 날부터 3개월 이내에 교육을 받아야 한다.

⑤ 맞춤형화장품판매업자는 전년도에 판매한 맞춤형화장품에 사용된 원료의 목록을 매년 2월 말까지 화장품업 단체를 통하여 식품의약품안전처장에게 보고해야 한다.

단답형

81. 다음은 화장품책임판매업 중 수입화장품에 대한 설명이다. ㉠, ㉡에 들어갈 단어를 차례로 작성하시오.

<보기>

- 수입화장품을 유통·판매하는 영업으로 화장품책임판매업을 등록한 자의 경우 「대외무역법」에 따른 수출·수입요령을 준수하여야 하며, 「전자무역 촉진에 관한 법률」에 따른 전자무역문서로 (㉠)보고를 하여야 한다.
- 수입한 화장품에 대하여 (㉡)를 작성·보관하여야 한다.

82. 다음은 「화장품법 시행규칙」에 따른 영업자의 준수사항에 대한 설명이다. ㉠~㉢에 들어갈 단어를 차례로 작성하시오.

<보기>

- 화장품제조업자는 제조관리기준서, (㉠), 제조관리기록서, (㉡)를 작성·보관하여야 한다.
- 화장품책임판매업자는 제조업자로부터 받은 (㉠), (㉡)를 보관하여야 한다.
- 맞춤형화장품판매업자는 혼합·소분 전에 혼합·소분에 사용되는 내용물 또는 원료에 대한 (㉢)를 확인해야 한다.

83. 다음은 「화장품법」에 따른 감독에 관한 내용 중 일부이다. 빈칸에 공통으로 들어갈 단어를 작성하시오.

> (　　　)명령: 식품의약품안전처장은 화장품제조업자의 시설이 기준에 적합하지 아니하거나 노후 또는 오손되어 있어 그 시설로 화장품을 제조하면 화장품의 안전과 품질에 문제의 우려가 있다고 인정되는 경우에는 화장품제조업자에게 그 시설의 (　　　)를 명하거나 그 (　　　)가 끝날 때까지 해당 시설의 전부 또는 일부의 사용금지를 명할 수 있다.

84. 다음 〈보기〉는 「우수화장품 제조 및 품질관리기준」에 따른 관련 용어의 정의 중 일부이다. ㉠, ㉡에 들어갈 단어를 차례로 작성하시오.

< 보기 >

- (㉠) 제품이란 충전 이전의 제조 단계까지 끝낸 제품을 말한다.
- (㉡)이란 적합 판정기준을 벗어난 완제품, 벌크제품 또는 반제품을 재처리하여 품질이 적합한 범위에 들어오도록 하는 것을 말한다. (㉡) 처리 실시의 결정은 품질보증책임자가 한다.

85. 다음은 「화장품 안전기준 등에 관한 규정」 중 유통화장품 유형별 안전관리 기준에 대한 내용이다. ㉠, ㉡에 들어갈 단어와 숫자를 차례로 작성하시오.

> 화장비누의 (㉠)는 (㉡) 이하여야 한다.

86. 다음 〈보기〉의 착향제에 대한 설명 중 ㉠, ㉡에 들어갈 단어를 차례로 작성하시오.

< 보기 >

착향제는 "(㉠)"로 표시할 수 있다. 다만, 착향제의 구성성분 중 식품의약품안전처장이 정하여 고시한 (㉡) 유발 성분이 있는 경우에는 (㉠)로 표시할 수 없고, 해당 성분의 명칭을 기재·표시해야 한다.

87. 다음은 화장품 제조에 사용된 성분을 표시하는 방법을 설명한 것이다. ㉠, ㉡에 들어갈 숫자를 차례로 작성하시오.

- 글자의 크기는 (㉠)포인트 이상으로 한다.
- 화장품 제조에 사용된 함량이 많은 것부터 기재·표시한다.
  ※ 다만, (㉡)퍼센트 이하로 사용된 성분, 착향제 또는 착색제는 순서에 상관없이 기재·표시할 수 있다.

88. 다음 〈보기〉는 맞춤형화장품 조제관리사를 준비하는 학생의 필기노트 일부이다. ㉠, ㉡에 들어갈 단어를 각각 <u>한글로</u> 작성하시오.

< 보기 >

계면활성제

- 계면활성제를 물속에 넣으면 계면활성제의 소수부가 공기쪽을 향하여 기체(공기)와 물의 계면에 분포한다. 계면활성제의 농도가 증가하여 임계점에 이르면 표면에서의 계면활성제는 포화상태가 되고, 물에서는 친수부를 바깥으로 하고 소수부를 안쪽으로 삼는 회합체를 형성하게 되는데 이 회합체를 (㉠)이라 한다.
- (㉡)(CMC)란 (㉠)이 형성될 때의 계면활성제의 농도를 말한다. CMC가 낮을수록 계면활성제로서의 기능이 높다고 할 수 있다.

89. 「제품의 포장재질·포장방법에 관한 기준 등에 관한 규칙」에 따라 다음의 ㉠, ㉡에 들어갈 숫자를 차례로 작성하시오.

포장용기의 재사용
제품을 제조하는 자는 그 포장용기를 재사용할 수 있는 제품의 생산량이 해당 제품 총생산량에서 차지하는 비율이 다음의 비율 이상이 되도록 노력하여야 한다.
- 화장품 중 색조화장품(화장·분장)류: 100분의 (㉠)
- 합성수지용기를 사용한 액체세제류·분말세제류: 100분의 50
- 두발용 화장품 중 샴푸·린스류: 100분의 (㉡)
- 위생용 종이제품 중 물티슈류: 100분의 60
- 분말커피류: 100분의 70
- 크레용·크레파스·물감: 100분의 10

90. 자외선과 자외선 관련 용어에 대한 설명 중 다음 〈보기〉의 ㉠, ㉡에 들어갈 단어를 차례로 작성하시오.

<보기>
- "(㉠)(MED)"이라 함은 UVB를 사람의 피부에 조사한 후 16~24시간의 범위 내에, 조사영역의 전 영역에 홍반을 나타낼 수 있는 최소한의 자외선 조사량을 말한다.
- "(㉡)(MPPD)"이라 함은 UVA를 사람의 피부에 조사한 후 2~24시간의 범위 내에, 조사영역의 전 영역에 희미한 흑화가 인식되는 최소 자외선 조사량을 말한다.

91. 다음 〈보기〉에서 설명하는 기능성화장품 성분의 효능·효과를 한글로 바르게 작성하시오.

<보기>
치오글리콜산은 아주 약한 산인데, 물에 잘 녹고, 피부에 바르면 콜라겐 조직 속으로 침투해 작용한다. 이 화합물이 자외선(UV)과 산소에 노출되면 CMDS(카복시메칠디설파이드)를 거쳐 CMSA(카복시메탄설폰산)로 산화되는데, 특히 자외선 조사량이 많으면 산화속도가 훨씬 빨라진다. CMSA는 황산에 못지 않은 강한 산성이어서 대단히 심한 고통을 주게 된다. 빠른 시간 안에 씻어내지 않으면 피부를 상하게 만들 수도 있다.

92. 다음 〈보기〉는 기능성화장품의 안전성에 관한 자료에 대한 설명 중 일부이다. 빈칸에 들어갈 단어를 작성하시오.

<보기>
기능성화장품의 심사를 위해 인체적용시험자료에서 피부이상반응 발생 등 안전성 문제가 우려된다고 판단되는 경우에 한하여 (　　　)를 제출해야 한다.

93. 「화장품 바코드 표시 및 관리요령」에 따라 ㉠, ㉡에 들어갈 숫자와 단어를 차례로 작성하시오.

- 맞춤형화장품의 내용량이 (㉠)밀리리터 이하 또는 (㉠)그램 이하인 제품의 용기 또는 포장이나 견본품, 시공품 등 비매품에 대하여는 화장품바코드 표시를 생략할 수 있다.
- 화장품바코드 표시는 국내에서 화장품을 유통·판매하고자 하는 (㉡)가 한다.

94. 다음은 기능성화장품 중 자외선 차단제에 관한 설명이다. ㉠, ㉡에 들어갈 숫자를 차례로 작성하시오.

<보기>

- 자외선차단지수의 95% 신뢰구간은 자외선차단지수(SPF)의 ±(㉠)% 이내이어야 한다.
- 자외선차단지수(SPF) (㉡) 이하 제품의 경우에는 자외선차단지수(SPF), 내수성자외선차단지수(SPF, 내수성 또는 지속내수성) 및 자외선A차단등급(PA) 설정의 근거자료의 자료 제출을 면제한다.

95. 다음 〈보기〉는 「화장품 사용 시의 주의사항 및 알레르기 유발성분 표시에 관한 규정」에 따른 설명 중 일부이다. ㉠, ㉡에 들어갈 단어를 차례로 작성하시오.

<보기>

부틸파라벤, 프로필파라벤, 이소부틸파라벤 또는 이소프로필파라벤 함유 제품

- 영·유아용 제품류 및 기초화장용 제품류(만 (㉠) 이하 영유아가 사용하는 제품 중 사용 후 씻어내지 않는 제품에 한함)
- 표시 문구: 만 (㉠) 이하 영유아의 (㉡)가 닿는 부위에는 사용하지 말 것

96. OH기가 6개이고 무색의 점성이 있는 맑은 액이며 냄새가 없고 청량한 단맛이 있는 다가알코올(폴리올)을 다음 〈보기〉에서 골라 작성하시오.

<보기>

정제수, 1,3 부텔렌글라이콜, 프로필렌글라이콜, 글리세린, 소르비톨, 1,2헥산디올, 에틸알코올

97. 다음 〈보기〉는 「화장품법 시행규칙」 제9조(기능성화장품의 심사) 중 안전성 자료이다. ㉠, ㉡에 들어갈 단어를 차례로 작성하시오.

<보기>

안전성에 관한 자료

- 단회 투여 독성시험 자료
- 1차 피부 자극시험 자료
- 안(眼)점막 자극 또는 그 밖의 점막 자극시험 자료
- 피부 감작성시험 자료
- (㉠)(빛에 의한 독성 반응성) 및 (㉡)(빛에 의한 면역계 반응성)시험 자료
- 인체 첩포시험

98. 다음은 맞춤형화장품판매업자 미선이 오늘 들여온 아이 섀도(Eye shadow)의 품질성적서 일부이다. ㉠, ㉡에 들어갈 숫자와 단어를 차례로 작성하시오.

<품질성적서>

시험항목	결과
pH	5
세균수	450
진균수	250
대장균	불검출
녹농균	불검출
황색포도상구균	불검출

<결과 해석>

시험 결과 총호기성생균수는 (㉠)개이고, 시험 결과의 판정은 (㉡)이다.

99. 다음 〈보기〉는 「화장품법」 제10조 제1항 제10호 그 밖에 총리령으로 정하는 사항 중 일부이다. ㉠, ㉡에 들어갈 단어를 차례로 작성하시오.

<보기>

- 성분명을 제품 명칭의 일부로 사용한 경우 그 성분명과 함량((㉠) 제품은 제외한다)
- 인체 세포·조직 배양액이 들어있는 경우 그 함량
- 화장품에 천연 또는 유기농으로 표시·광고하려는 경우에는 (㉡)의 함량

100. 다음 〈보기〉의 ㉠, ㉡에 들어갈 단어를 차례로 작성하시오.

<보기>

표피의 기저층에는 (㉠)을 만들어 내는 멜라노사이트와 각질세포를 만들어 각질층으로 올려보내는 (㉡)가 존재한다.

memo

맞춤형화장품 조제관리사
모의고사 정답과 해설

제1회 맞춤형화장품 조제관리사 모의고사 정답과 해설
제2회 맞춤형화장품 조제관리사 모의고사 정답과 해설
제3회 맞춤형화장품 조제관리사 모의고사 정답과 해설

실전연습용 OMR답안지

성적이의신청 안내	• 신청절차: 본인의 성적에 이상이 있다고 주장하는 자가 성적이의신청서를 제출하면 OMR 판독결과를 다시 한 번 확인 및 검증하여 그 결과를 이의제기자에게 통보 • 신청내용: 과목별 점수산출결과 및 합격여부에 대한 재검토 요청 • 신청방법: 신청서를 작성하여 서명이 날인된 스캔본을 ccmm@kpc.or.kr로 제출 • 신청기간 및 결과안내: 홈페이지(ccmm.kpc.or.kr)의 공지사항을 확인

제1회 맞춤형화장품 조제관리사 모의고사 정답과 해설

« 선다형

1	2	3	4	5	6	7	8	9	10
③	①	①	⑤	④	⑤	③	②	④	④
11	12	13	14	15	16	17	18	19	20
②	④	①	③	③	⑤	①	③	⑤	④
21	22	23	24	25	26	27	28	29	30
③	②	②	④	⑤	①	③	②	④	⑤
31	32	33	34	35	36	37	38	39	40
①	⑤	④	④	③	②	④	⑤	④	①
41	42	43	44	45	46	47	48	49	50
③	⑤	③	⑤	①	②	③	⑤	⑤	②
51	52	53	54	55	56	57	58	59	60
④	⑤	②	②	④	⑤	②	②	①	③
61	62	63	64	65	66	67	68	69	70
④	③	④	②	⑤	④	①	②	③	⑤
71	72	73	74	75	76	77	78	79	80
②	①	⑤	④	③	④	⑤	①	③	③

« 단답형

81	제품표준서	91	㉠ 벤조페논-8, ㉡ 3%
82	안전성	92	인체 외 시험
83	㉠ 노출평가, ㉡ 위해도 결정	93	㉠ 책임판매관리자, ㉡ 종업원
84	㉠ 보존제, ㉡ 색소	94	㉠ 케라틴, ㉡ 피지
85	제조번호	95	㉠ 품질성적서, ㉡ 일회용 장갑, ㉢ 포장용기
86	아스코빅애시드(비타민C)	96	티로시나아제
87	㉠ 0.5, ㉡ 2, ㉢ 3, ㉣ 0.5, ㉤ 13	97	㉠ 금박, ㉡ 인산염, ㉢ 기능성화장품
88	효력시험자료	98	㉠ 피부장벽, ㉡ 의약품
89	㉠ 판매일자, ㉡ 판매량	99	㉠ 모표피(모소피), ㉡ 모피질, ㉢ 모수질
90	알파-비사보롤 함유 제품	100	㉠ 책임판매, ㉡ 원료

선다형

1. 정답 ③

① "안전용기·포장"이란 만 5세 미만의 어린이가 개봉하기 어렵게 설계·고안된 용기나 포장을 말한다.
② "2차 포장"이란 1차 포장을 수용하는 1개 또는 그 이상의 포장과 보호재 및 표시의 목적으로 한 포장(첨부문서 등을 포함한다)을 말한다.
④ "유기농화장품"이란 유기농 원료, 동식물 및 그 유래 원료 등을 함유한 화장품으로서 식품의약품안전처장이 정하는 기준에 맞는 화장품을 말한다.
⑤ "화장품"이란 인체를 청결·미화하여 매력을 더하고 용모를 밝게 변화시키거나 피부·모발의 건강을 유지 또는 증진하기 위하여 인체에 바르고 문지르거나 뿌리는 등 이와 유사한 방법으로 사용되는 물품으로서 인체에 대한 작용이 경미한 것을 말한다.

2. 정답 ①

② 데오도런트 – 체취 방지용 제품류
③ 메이크업 베이스 – 색조 화장용 제품류
④ 수렴·유연·영양 화장수 – 기초화장용 제품류
⑤ 향수 – 방향용 제품류

3. 정답 ①

ㄷ. 맞춤형화장품 조제관리사 자격시험에 합격한 사람으로서 화장품 제조 또는 품질관리 업무에 1년 이상 종사한 경력이 있는 사람
ㅁ. 전문대학을 졸업한 사람으로서 간호학과, 간호과학과, 건강간호학과를 전공하고 화학·생물학·생명과학·유전학·유전공학·향장학·화장품과학·의학·약학 등 관련 과목을 20학점 이상 이수한 후 화장품 제조나 품질관리 업무에 1년 이상 종사한 경력이 있는 사람

4. 정답 ⑤

① 안전성 정보의 정기보고는 식품의약품안전처 홈페이지를 통해 보고하거나 전자파일과 함께 우편·팩스·정보통신망 등의 방법으로 할 수 있다.
② 화장품책임판매업자 및 맞춤형화장품판매업자는 신속보고되지 아니한 화장품의 안전성 정보를 매 반기 종료 후 1월 이내에 식품의약품안전처장에게 보고하여야 한다.
③ "유해사례"란 화장품의 사용 중 발생한 바람직하지 않고 의도되지 아니한 징후, 증상 또는 질병을 말하며, 당해 화장품과 반드시 인과관계를 가져야 하는 것은 아니다.
④ "실마리 정보"란 유해사례와 화장품 간의 인과관계 가능성이 있다고 보고된 정보로서 그 인과관계가 알려지지 아니하거나 입증자료가 불충분한 것을 말한다.

5. 정답 ④

개인정보처리자는 고객의 이름, 전화번호, 주소 등이 인쇄되어 있는 종이는 파쇄 또는 소각하여 파기하여야 한다.

6. 정답 ⑤

ㄹ.「화장품법」 또는 「보건범죄 단속에 관한 특별조치법」을 위반하여 금고 이상의 형을 선고받고 그 집행이 끝나지 아니하거나 그 집행을 받지 아니하기로 확정되지 아니한 자
ㅁ. 맞춤형화장품 조제관리사의 자격이 취소된 날부터 3년이 지나지 아니한 자

7. 정답 ③

「화장품법 시행규칙」 [별표7] 행정처분의 기준

위반 내용	처분기준			
	1차 위반	2차 위반	3차 위반	4차 이상 위반
맞춤형 화장품 판매업소 소재지의 변경 신고를 하지 않은 경우	판매업무 정지 1개월	판매업무 정지 2개월	판매업무 정지 3개월	판매업무 정지 4개월
책임판매 관리자를 두지 않은 경우	판매 또는 해당 품목 판매업무 정지 1개월	판매 또는 해당 품목 판매업무 정지 3개월	판매 또는 해당 품목 판매업무 정지 6개월	판매 또는 해당 품목 판매업무 정지 12개월

8. 정답 ②

① 유성원료는 수분의 증발을 억제하고 사용 감촉을 향상시키는 목적으로 사용된다.
③ 자외선 차단제는 피부의 홍반, 그을림, 흑화 등을 완화하는 데 도움을 주며 화장품 내용물 변화를 방어하는 목적으로 사용된다.

④ 계면활성제는 계면의 성질이 달라 섞이지 않는 두 물질에 작용하여 화장품의 안정성에 도움을 주는 물질이다.
⑤ 색소는 화장품에 배합하여 색을 나타나게 하거나 피복력을 부여하고 자외선을 방어하는 성분으로 사용된다.

9. 정답 ④

안전용기·포장을 사용해야 하는 품목

- 아세톤을 함유하는 네일 에나멜 리무버 및 네일 폴리시 리무버
- 어린이용 오일 등 개별포장당 탄화수소류를 10% 이상 함유하고 운동점도가 21센티스톡스(섭씨 40도 기준) 이하인 에멀션 형태가 아닌 액체상태의 제품
- 개별포장당 메틸 살리실레이트를 5% 이상 함유하는 액체상태의 제품
- 다만, 일회용 제품, 용기 입구 부분이 펌프 또는 방아쇠로 작동되는 분무용기 제품, 압축 분무용기 제품(에어로졸 제품 등)은 제외한다.

10. 정답 ④

분산제란 안료를 분산시키는 목적으로 사용되는 계면활성제를 말한다. 분산이란 넓은 의미로 분산매가 분산상에 퍼져 있는 현상으로, 액체가 액체 속에 분산된 경우를 유화라 하고 기체가 액체 속에 분산된 경우를 거품이라고 한다. 좁은 의미의 분산은 고체가 액체 속에 퍼져 있는 현상에 국한하여 사용된다. 화장품에서 고체 입자를 액체에 분산시킨 것으로는 파운데이션, 마스카라, 아이라이너, 네일에나멜 등이 있다.

11. 정답 ②

화장품의 품질 요소

화장품의 품질 요소는 안전성, 안정성, 유효성이 있다. 안전성은 화장품은 피부·신체에 사용하므로 안전해야 하며, 안정성은 화장품의 유통·보관 시 화장품 품질의 변화 없이 일정한 상태를 유지해야 한다. 유효성은 화장품의 사용 목적에 부합하는 직·간접적인 효과를 가지고 있어야 한다.

12. 정답 ④

- 과산화물가가 20mmol/L을 초과하는 d－리모넨
- 카테콜(피토카테콜)(다만, 산화염모제에서 용법·용량에 따른 혼합물의 염모성분으로서 1.5% 이하는 제외)
- 에스텔의 유리알릴알코올농도가 0.1%를 초과하는 알릴에스텔류

13. 정답 ①

착향제의 구성 성분 중 알레르기 유발성분의 함량이 사용 후 씻어내는 제품에서 0.01% 이하, 사용 후 씻어내지 않는 제품에서 0.001% 이하인 경우에 한하여 해당 성분의 명칭을 기재하지 않아도 된다.

14. 정답 ③

① 착향제 또는 착색제는 순서에 상관없이 기재·표시할 수 있다.
② 혼합원료는 혼합된 개별 성분의 명칭을 기재·표시한다.
④ 착향제의 구성 성분 중 고시한 알레르기 유발성분이 있는 경우에는 향료로 표시할 수 없고, 해당 성분의 명칭을 기재·표시해야 한다.
⑤ 비누화 반응을 거치는 성분은 비누화 반응에 따른 생성물로 기재·표시할 수 있다.

15. 정답 ③

손·발의 피부연화 제품 중 우레아를 포함하는 핸드크림 및 풋크림에 표시해야 하는 화장품 사용 시 주의사항이다.

16. 정답 ⑤

"눈에 접촉을 피하고 눈에 들어갔을 때 즉시 씻어낼 것" 이란 문구를 표시해야 하는 제품

- 과산화수소 및 과산화수소 생성물질 함유 제품
- 벤잘코늄브로마이드, 벤잘코늄브로마이드 및 벤잘코늄사카리네이트 함유 제품
- 실버나이트레이트 함유 제품

17. 정답 ①

화장품의 사용상 주의사항 중 공통사항

화장품 사용 시 또는 사용 후 직사광선에 의하여 사용 부위에 붉은 반점, 부어오름 또는 가려움증 등의 이상 증상이나 부작용이 있는 경우 전문의 등과 상담할 것

18. 정답 ③

알부틴을 주성분(기능성성분)으로 하는 크림제의 기능성화장품은 정량할 때 표시량의 90.0% 이상에 해당하는 알부틴 ($C_{12}H_{16}O_7$: 272.25)을 함유한다. 알부틴 크림제로 만든 검액 및 히드로퀴논 표준액 각 20μL씩을 가지고 조작조건에 따라 액체크로마토그래프법으로 시험할 때 검액의 히드로퀴논 피크는 표준액의 히드로퀴논 피크보다 크지 않다(1ppm).

19.
정답 ⑤

「화장품 안전기준 등에 관한 규정」에 따르면 화장품에 사용상의 제한이 필요한 원료 및 그 사용기준은 [별표 2] 사용상의 제한이 있는 원료와 같으며, [별표 2]의 원료 외의 보존제, 자외선 차단제 등은 사용할 수 없다. 또한, 화장품의 색소의 종류, 사용부위 및 사용한도는 「화장품의 색소 종류와 기준 및 시험방법」 [별표 1] 색소의 종류와 같다.

20.
정답 ④

용도	HLB값
소포제	1~3
친유형(W/O) 유화제	4~6
분산제, 습윤제	7~9
친수형(O/W) 유화제	8~16
가용화제	15~18

21.
정답 ③

ㄱ. 팩 제품: 눈 주위를 피하여 사용할 것

ㅁ. AHA 성분이 10%를 초과하여 함유되어 있거나 산도가 3.5 미만인 제품에만 표시: 고농도의 AHA 성분이 들어 있어 부작용이 발생할 우려가 있으므로 전문의 등에게 상담할 것

22.
정답 ②

화장품 원료는 제조업자의 원료에 대한 자가품질검사 성적서, 원료업체의 원료에 대한 공인검사기관 성적서가 인정기준에 적합하며, '원료공급자의 검사결과 신뢰 기준'(대한화장품협회 자율규약 참조)을 충족할 경우 원료공급자의 자가품질검사 시험성적서 또한 품질성적서로 적합하다.

23.
정답 ②

① 글루타랄(펜탄-1,5-디알) - 0.1%(에어로졸 제품에는 사용금지)

③ 무기설파이트 및 하이드로젠설파이트류 - 유리 SO_2로 0.2%

④ 벤조익애씨드, 그 염류 및 에스텔류 - 산으로서 0.5%(다만, 벤조익애씨드 및 그 소듐염은 사용 후 씻어내는 제품에는 산으로서 2.5%)

⑤ 소르빅애씨드 및 그 염류 - 소르빅애씨드로서 0.6%

24.
정답 ④

착향제 성분 중 고시된 알레르기 유발성분인 유제놀, 아밀신남알, 시트로넬올 성분의 명칭을 기재·표시하여야 한다.

25.
정답 ⑤

메텐아민(헥사메칠렌테트라아민)은 화장품 사용상의 제한이 필요한 보존제 성분으로 사용한도는 0.15%이다.

26.
정답 ①

	자외선 차단 성분	최대 함량
②	에칠헥실트리아존	5%
③	옥토크릴렌	10%
④	티타늄디옥사이드(자외선 산란제)	25%
⑤	드로메트리졸트리실록산	15%

27.
정답 ③

회수 대상 화장품이라는 사실을 안 날부터 5일 이내에 회수계획서를 지방식품의약품안전청장에게 제출해야 한다. 위해성 등급이 가 등급인 위해화장품은 회수를 시작한 날로부터 15일 이내에 회수해야 하며, 회수기간 이내에 회수하기가 곤란하다고 판단되는 경우에는 지방식품의약품안전청장에게 그 사유를 밝히고 회수기간 연장을 요청할 수 있다.

28.
정답 ②

	작업실	청정공기 순환	관리기준
①	Clesn bench	20회/hr 이상 또는 차압 관리	낙하균 10개/hr 또는 부유균 20개/m^3
③	내용물 보관소	10회/hr 이상 또는 차압 관리	낙하균 10개/hr 또는 부유균 200개/m^3
④	원료 칭량실	10회/hr 이상 또는 차압 관리	낙하균 10개/hr 또는 부유균 200개/m^3
⑤	포장실	차압 관리	갱의, 포장재의 외부 청소 후 반입

29.
정답 ④

천연화장품 및 유기농화장품의 용기와 포장에는 폴리염화비닐(PVC), 폴리스티렌폼(Polystyrene foam)을 사용할 수 없다.

30. 정답 ⑤

화장품을 제조하면서 인위적으로 첨가하지 않았으나, 제조 또는 보관 과정 중 포장재로부터 이행되는 등 비의도적으로 유래된 사실이 객관적인 자료로 확인되고 기술적으로 완전한 제거가 불가능한 경우 해당 물질의 검출 허용 한도는 유통화장품 안전관리 기준에 적합해야 한다.

31. 정답 ①

작업소의 벽, 천장, 창문, 파이프 구멍에 틈이 없도록 해야 한다.

32. 정답 ⑤

완제품 보관용 검체를 보관하는 목적은 제품의 사용 중에 발생할지도 모르는 재검토작업에 대비하기 위해서다. 보관용 검체는 품질상에 문제가 발생하여 재시험이 필요할 때 또는 발생한 불만에 대처하기 위하여 품질 이외의 사항에 대한 검토가 필요하게 될 때 사용한다.

33. 정답 ④

원자재의 입고 시 구매요구서, 원자재 공급업체 성적서 및 현품이 서로 일치해야 한다. 또한 원자재 용기에 제조번호가 없는 경우에는 관리번호를 부여하여 보관해야 한다.

34. 정답 ④

직원의 작업복은 먼지가 발생하지 않는 무진 재질의 소재로 되어야 한다.

35. 정답 ③

물휴지의 안전관리기준

- 미생물한도 기준: 세균 및 진균 수 각각 100개/g(mL) 이하
- 메탄올 검출허용 한도: 0.002(v/v)% 이하
- 포름알데하이드 검출허용 한도: 20μg/g 이하

36. 정답 ②

총호기성생균수는 영·유아용 제품류 및 눈화장용 제품류의 경우 500개/g(mL) 이하, 기타 화장품의 경우 1,000개/g(mL) 이하여야 한다. 따라서 <보기>의 ㄱ. 아이섀도(눈화장용 제품류), ㄹ. 영유아용 샴푸(영·유아용 제품류), ㅁ. 마스카라(눈화장용 제품류)는 미생물 허용한도 기준에 적합하지 않다.

37. 정답 ④

- (제품 a 내용량 + 제품 b 내용량 + 제품 c 내용량) / 제품 개수 = 평균 내용량 = (95 + 94 + 100) / 3 = 96.3g
- (평균 내용량 / 표기량) × 100 = 평균 내용량의 비율 = (96.3 / 100) × 100 = 96.3%
- 내용량의 안전관리 기준은 제품 3개를 가지고 시험할 때 그 평균 내용량이 표기량에 대하여 97% 이상이어야 하므로 위의 제품은 불합격이다.

38. 정답 ⑤

퍼머넌트웨이브용 및 헤어스트레이트너 제품의 공통 안전관리기준은 중금속 20㎍/g 이하, 비소 5㎍/g 이하, 철 2㎍/g 이하여야 한다.

39. 정답 ④

재작업 대상은 변질·변패 또는 병원미생물에 오염되지 않고 제조일로부터 1년이 경과하지 않았거나 사용기한이 1년 이상 남아있는 제품이며, 품질보증 책임자에 의해 승인되어야 한다.

40. 정답 ①

니켈의 검출 허용 한도

- 눈 화장용 제품: 35㎍/g 이하
- 색조 화장용 제품: 30㎍/g 이하
- 눈 화장용 제품 및 색조 화장용 제품을 제외한 화장품: 10 ㎍/g 이하

41. 정답 ③

가능한 한 세제를 사용하지 않는 이유는 세제는 설비의 내벽에 남기 쉽고, 잔존한 세척제는 제품에 악영향을 미치기 때문이다. 또한 세제가 잔존하고 있지 않다는 것을 설명하기 위해서는 고도의 화학 분석이 필요하다.

42. 정답 ⑤

작업화는 가볍고 땀의 흡수 및 방출이 용이하여야 하며, 제조실 근무자는 등산화 형식의 안전화 및 신발 바닥이 우레탄 코팅이 되어 있는 것을 사용한다. 관리자의 복장은 상의 및 하의는 평상복을 입고 신발은 슬리퍼를 착용할 수도 있다.

43. 정답 ③

제조 탱크, 저장 탱크(일반 제품)의 세척 방법

제조 탱크, 저장 탱크를 스팀 세척기로 깨끗이 세척한 후 상수를 탱크의 80%까지 채우고 80℃로 가온한다.

44.

정답 ⑤

① 펌프는 다양한 점도의 액체를 한 지점에서 다른 지점으로 이동시키거나 제품을 혼합(재순환 또는 균질화)하기 위해 사용한다.
② 탱크는 용접, 나사, 나사못, 용구 등을 포함하는 설비 부품들 사이에 전기 화학 반응을 최소화하고 재질은 스테인리스 스틸이 적합하다.
③ 혼합기를 작동시키는 사람은 회전하는 샤프트와 잠재적인 위험 요소를 생각하여 안전한 작동 연습을 적절하게 훈련받아야 한다.
④ 파이프의 시스템 설계는 교차오염의 가능성을 최소화하고 생성되는 최고 압력을 고려해야 한다.

45.

정답 ①

생산 공정상 중대한 일탈의 예

- 제품표준서, 제조작업절차서 및 포장작업절차서의 기재내용과 다른 방법으로 작업이 실시되었을 경우
- 공정관리기준에서 두드러지게 벗어나 품질 결함이 예상될 경우
- 관리 규정에 의한 관리 항목에 있어서 두드러지게 설정치를 벗어났을 경우
- 생산 작업 중에 설비·기기의 고장, 정전 등의 이상이 발생하였을 경우
- 벌크제품과 제품의 이동·보관 중 보관 상태에 이상이 발생하고 품질에 영향을 미친다고 판단될 경우

46.

정답 ②

ㄱ. 원료와 포장재가 재포장될 때 새로운 용기에는 원래와 동일한 라벨링이 있어야 한다.
ㄹ. 제조된 벌크 제품은 관리 절차에 따라 재보관(Re-stock)되어야 하며 모든 벌크를 보관 시에는 적합한 용기를 사용해야 한다.

47.

정답 ③

기준일탈 제품의 처리 절차

시험, 검사, 측정에서 기준일탈 결과 나옴 → 기준일탈 조사 → 시험, 검사, 측정이 틀림없음 확인 → 기준일탈의 처리 → 기준일탈 제품에 불합격라벨 첨부 → 격리 보관 → 폐기처분 또는 재작업 또는 반품

48.

정답 ⑤

납, 니켈, 비소, 안티몬, 카드뮴 성분을 분석할 때 공통으로 사용할 수 있는 시험방법에는 원자흡광광도법을 이용한 방법(AAS), 유도결합플라즈마-질량분석기를 이용한 방법(ICP-MS)이 있다.

49.

정답 ⑤

점검항목 중 작동점검에는 스위치, 연동성 등이 속한다. 회전수, 전압, 투과율, 감도 등은 기능측정에 해당한다.

50.

정답 ②

① 브롬산나트륨 함유 제제: 용해상태-명확한 불용성 이물이 없을 것
③ 브롬산나트륨 함유 제제: 중금속 20㎍/g 이하
④ 과산화수소 함유 제제: pH 2.5~4.5
⑤ 과산화수소 함유 제제: 중금속 20㎍/g 이하

51.

정답 ④

ㄷ. 설정된 보관기한이 지나면 사용의 적절성을 결정하기 위해 재평가시스템을 확립하여야 하며, 동 시스템을 통해 보관기한이 경과한 경우 사용하지 않도록 규정하여야 한다.
ㅁ. 원료공급처의 사용기한을 준수하여 보관기한을 설정하여야 하며, 사용기한 내에서 자체적인 재시험 기간과 최대 보관기한을 설정·준수해야 한다.

52.

정답 ⑤

ㄱ. 2차 피부 자극시험 자료 → 1차 피부 자극시험 자료
ㄴ. 다회 투여 독성시험 자료 → 단회 투여 독성시험 자료
ㄷ. 동물 첩포시험(貼布試驗) 자료 → 인체 첩포시험(貼布試驗) 자료

53.

정답 ②

① 자외선 중에서 파장의 길이가 가장 긴 것은 자외선 A(UVA)이다.
③ 자외선차단지수(SPF)는 UVB를 차단하는 제품의 차단효과를 나타내는 지수이다.
④ 최소홍반량(MED)은 UVB를 사람의 피부에 조사한 후 16~24시간의 범위 내에, 조사영역의 전 영역에 홍반을 나타낼 수 있는 최소한의 자외선 조사량을 뜻한다.

⑤ 최소지속형즉시흑화량(MPPD)은 UVA를 사람의 피부에 조사한 후 2～24시간의 범위 내에, 조사영역의 전 영역에 희미한 흑화가 인식되는 최소 자외선 조사량을 뜻한다.

54. 정답 ②

사용기한

화장품이 제조된 날부터 적절한 보관 상태에서 제품이 고유의 특성을 간직한 채 소비자가 안정적으로 사용할 수 있는 최소한의 기한

55. 정답 ④

3시간을 분으로 환산하면 180분이다. 고객의 피부가 민감하지 않으므로 평균적인 홍반 발생시간인 15분으로 계산하면 180분=15분×12이므로 SPF 지수는 최소 12 이상이어야 한다. 또한 고객이 백탁 현상을 원하지 않으므로 무기화합물 자외선 산란제인 티타늄디옥사이드, 징크옥사이드 성분을 피할 것을 알려주어야 한다.

56. 정답 ⑤

보관구역의 위생기준

- 통로는 적절하게 설계되어야 한다.
- 통로는 사람과 물건이 이동하는 구역으로서 사람과 물건의 이동에 불편함을 초래하거나, 교차오염의 위험이 없어야 한다.
- 손상된 팔레트는 수거하여 수선 또는 폐기한다.
- 매일 바닥의 폐기물을 치워야 한다.
- 동물이나 해충이 침입하기 쉬운 환경은 개선되어야 한다.
- 용기(저장조 등)들은 닫아서 깨끗하고 정돈된 방법으로 보관한다.

57. 정답 ②

① 배타성을 띤 “최고” 또는 “최상” 등의 절대적 표현의 표시·광고를 하지 말 것

③ 사실 유무와 관계없이 다른 제품을 비방하거나 비방한다고 의심이 되는 표시·광고를 하지 말 것

④ 의사·치과의사·한의사·약사·의료기관 또는 그 밖의 자(할랄화장품, 천연화장품 또는 유기농화장품 등을 인증·보증하는 기관으로서 식품의약품안전처장이 정하는 기관은 제외한다)가 이를 지정·공인·추천·지도·연구·개발 또는 사용하고 있다는 내용이나 이를 암시하는 등의 표시·광고를 하지 말 것

⑤ 국제적 멸종위기종의 가공품이 함유된 화장품임을 표현하거나 암시하는 표시·광고를 하지 말 것

58. 정답 ②

맞춤형화장품판매업자에게 고용된 맞춤형화장품 조제관리사에 의해 혼합·소분된 화장품의 판매가 이루어져야 한다.

59. 정답 ①

화장품 용기의 종류

구분	내용
밀폐용기	• 일상의 취급 또는 보통 보존상태에서 외부로부터 고형의 이물이 들어가는 것을 방지하고 고형의 내용물이 손실되지 않도록 보호할 수 있는 용기를 말한다. • 밀폐용기로 규정되어 있는 경우에는 기밀용기도 쓸 수 있다.
기밀용기	• 일상의 취급 또는 보통 보존상태에서 액상 또는 고형의 이물 또는 수분이 침입하지 않고 내용물을 손실, 풍화, 조해 또는 증발로부터 보호할 수 있는 용기를 말한다. • 기밀용기로 규정되어 있는 경우에는 밀봉용기도 쓸 수 있다.
밀봉용기	일상의 취급 또는 보통의 보존상태에서 기체 또는 미생물이 침입할 염려가 없는 용기를 말한다.
차광용기	광선의 투과를 방지하는 용기 또는 투과를 방지하는 포장을 한 용기를 말한다.

60. 정답 ③

③ 유극층: 외부 이물질 항원을 인식하고 T－림프구에 전달하는 랑게르한스세포가 존재한다.

61. 정답 ④

원자재의 입고관리 기준에 따르면 원자재 용기 및 시험기록서에 필수적인 기재사항은 원자재 공급자가 정한 제품명, 원자재 공급자명, 수령일자, 공급자가 부여한 제조번호 또는 관리번호이다.

62. 정답 ③

착향제 중 알레르기 유발성분 25종은 성분명을 기재·표시해야 한다.

63. 정답 ④

- 성분별 최대함량: 징크옥사이드(25%), 벤질알코올(1%), 우레아(10%), 비타민E(20%)

- 계산식
  - 제형 A: 정제수(74), 징크옥사이드(25), 벤질알코올(1)
  - 제형 B: 정제수(70), 우레아(10), 비타민E(20)

  → 제형A 30%+제형B 20%=정제수[(0.3×74)+(0.2×70)=36.2], 징크옥사이드(0.3×25=7.5), 벤질알코올(0.3×1=0.3), 우레아(0.2×10=2), 비타민E(0.2×20=4)
- 제형 A+B 전성분의 순서: 정제수, 징크옥사이드, 비타민E, 우레아, 벤질알코올

64.

정답 ②

대한선(Apocrine gland)은 모공을 통해 분비되며 겨드랑이, 서혜부, 배꼽 주변 등 특정 부위에 주로 분포하고, 땀이 세균에 의해 분해되면서 나는 체취가 있다. 이러한 경우 체취 방지용 제품인 데오도런트를 추천할 수 있다.

65.

정답 ⑤

글라브리딘(glabridin)은 감초추출물 중에서 가장 효과적인 미백성분으로, 멜라닌 합성 과정에서 티로시나아제의 활성을 억제한다.

66.

정답 ④

맞춤형화장품 조제관리사는 제조 또는 수입된 화장품의 내용물에 다른 화장품의 내용물이나 식품의약품안전처장이 정하여 고시하는 원료를 추가하여 혼합한 화장품, 제조 또는 수입된 화장품의 내용물을 소분(小分)한 화장품을 조제할 수 있다. 손소독제는 의약외품에 속하므로 화장품이 아니다.

67.

정답 ①

- 각질층으로 구성된 피부장벽은 경피수분손실(TEWL)을 억제한다.
- 각질층에 존재하는 수용성 물질은 천연보습인자(NMF)라고 한다.
- 세포간지질은 세라마이드, 지방산, 콜레스테롤 등으로 구성되어 있다.

68.

정답 ②

DHT(디하이드로테스토스테론)란 모낭에 작용해 탈모를 일으키는 호르몬으로, 남성호르몬인 테스토스테론이 5-알파 환원효소(5α-reductases)를 만나 변환된 물질이다.

69.

정답 ③

가. 인체 세포·조직 배양액: 인체에서 유래된 세포 또는 조직을 배양한 후 세포와 조직을 제거하고 남은 액

나. 공여자: 배양액에 사용되는 세포 또는 조직을 제공하는 사람

라. 윈도우 피리어드: 감염 초기에 세균, 진균, 바이러스 및 그 항원·항체·유전자 등을 검출할 수 없는 기간

70.

정답 ⑤

닥나무추출물에 대하여 기능성 시험을 할 때 티로시나아제 억제율은 48.5~84.1%이다. 또한 에칠아스코빌에텔은 산화반응을 억제한다.

71.

정답 ②

- 위의 미백크림 100g에는 포름알데하이드 0.05%, 코치닐추출물 0.003%, 알부민 3%가 함유되어 있다.
- 포름알데하이드 0.05% 이상 검출된 제품: 포름알데하이드 성분에 과민한 사람은 신중히 사용할 것
- 코치닐추출물 함유 제품: 코치닐추출물 성분에 과민하거나 알레르기가 있는 사람은 신중히 사용할 것
- 알부틴 2% 이상 함유 제품: 알부틴은 인체적용시험 자료에서 구진과 경미한 가려움이 보고된 예가 있음

72.

정답 ①

300×0.8=240

73.

정답 ⑤

① 질병을 진단·치료·경감·처치 또는 예방, 의학적 효능·효과 표현 중 "모낭충"은 표시·광고 금지 표현이다.

② 피부 관련 표현 중 "피부 독소를 제거한다(디톡스, detox)"는 표시·광고 금지 표현이다.

③ 모발 관련 표현 중 기능성화장품으로 심사(보고)된 '효능·효과' 표현은 제외하고, "발모·육모·양모, 탈모방지, 탈모치료" 등은 표시·광고 금지 표현이다.

④ 특정인 또는 기관의 지정, 공인 관련 표현 중 "○○병원에서 추천하는 안전한 화장품"은 표시·광고 금지 표현이다.

74.

정답 ④

호모믹서는 터빈형의 날개를 원통으로 둘러싼 구조이며, 통속에서 대류에 의해서 균일하고 미세한 유화를 형성한다. 일반적으로 유화할 때 사용하며 호모게나이저(homogenizer) 또는 균질화기라고도 한다.

75. 정답 ③

① 제품명은 이미 심사를 받은 기능성화장품의 명칭과 동일하지 아니하여야 한다.

② 인체첩포시험 및 인체누적첩포시험은 국내·외 대학 또는 전문 연구기관에서 실시해야 한다.

④ 인체적용시험자료에서 피부이상반응 발생 등 안전성 문제가 우려된다고 판단되는 경우에는 인체누적첩포시험자료를 제출해야 한다.

⑤ 자외선에서 흡수가 없음을 입증하는 흡광도 시험자료를 제출하는 경우에는 광독성 및 광감작성 시험자료 제출을 면제한다.

76. 정답 ④

- 실리콘 오일은 퍼발림성이 우수하며 광택 효과를 줄 수 있는 성분이다.
- 에스테르 오일은 피부 친화력이 우수하고 사용감이 가벼워 피부 유연, 유화제 성분으로 사용된다.

77. 정답 ⑤

판매의 목적이 아닌 제품의 홍보·판매촉진 등을 위하여 미리 소비자가 시험·사용하도록 제조 또는 수입한 화장품은 맞춤형화장품의 혼합·소분에 사용할 내용물로 적합하지 않다.

78. 정답 ①

사용할 수 없는 원료인 니트로펜이 사용되었으므로 해당 화장품의 위해성 등급은 가 등급이다. 가 등급의 경우 해당 화장품에 대하여 즉시 판매중지 등의 필요한 조치를 하여야 하고, 회수대상 화장품이라는 사실을 안 날부터 5일 이내에 회수계획서에 관련 서류를 첨부하여 지방식품의약품안전청장에게 제출하여야 한다.

79. 정답 ③

안티몬은 화학 원소로 기호는 Sb이고, 의약 또는 눈썹이나 속눈썹의 화장재료로 이용되었다. 인위적으로 첨가하지 않았으나 제조 또는 보관 과정 중 포장재로부터 이행되는 등 비의도적으로 유래된 사실이 객관적인 자료로 확인되고 기술적으로 완전한 제거가 불가능한 경우의 검출허용한도는 10㎍/g 이하이다.

80. 정답 ③

- 안자극 시험: 인체각막 유사 상피모델을 이용한 안자극 시험법 또는 단시간 노출법
- 피부 감작성시험: 인체 세포주 활성화 방법(h－CLAT)

단답형

81. 정답 제품표준서

- 화장품 제조업자는 제조관리기준서·제품표준서·제조관리기록서 및 품질관리기록서(전자문서 형식을 포함)를 작성·보관해야 한다(「화장품법 시행규칙」 제11조 제1항 제2호).
- 화장품책임판매업자는 제조업자로부터 받은 제품표준서 및 품질관리기록서(전자문서 형식을 포함)를 보관해야 한다(「화장품법 시행규칙」 제12조 제3호).

82. 정답 안전성

화장품책임판매업자는 영유아 또는 어린이가 사용할 수 있는 화장품임을 표시·광고하려는 경우에는 제품별로 안전과 품질을 입증할 수 있는 다음의 자료(제품별 안전성 자료)를 작성 및 보관해야 한다.

- 제품 및 제조방법에 대한 설명 자료
- 화장품의 안전성 평가 자료
- 제품의 효능·효과에 대한 증명 자료

83. 정답 ㉠ 노출평가, ㉡ 위해도 결정

「화장품법 시행규칙」 제17조(화장품 원료 등의 위해평가)

① 법 제8조 제3항에 따른 위해평가는 다음 각 호의 확인·결정·평가 등의 과정을 거쳐 실시한다.

1. 위해요소의 인체 내 독성을 확인하는 위험성 확인과정
2. 위해요소의 인체노출 허용량을 산출하는 위험성 결정과정
3. 위해요소가 인체에 노출된 양을 산출하는 노출평가과정
4. 제1호부터 제3호까지의 결과를 종합하여 인체에 미치는 위해 영향을 판단하는 위해도 결정과정

84. 정답 ㉠ 보존제, ㉡ 색소

「화장품법」 제8조(화장품 안전기준 등)

② 식품의약품안전처장은 보존제, 색소, 자외선차단제 등과 같이 특별히 사용상의 제한이 필요한 원료에 대하여는 그 사용기준을 지정하여 고시하여야 하며, 사용기준이 지정·고시된 원료 외의 보존제, 색소, 자외선차단제 등은 사용할 수 없다.

85. 정답 제조번호

「화장품법」 제10조(화장품의 기재사항)

② 화장품의 1차 포장에 반드시 화장품의 명칭, 영업자의 상호, 제조번호, 사용기한 또는 개봉 후 사용기간을 표시해야 한다.

86. 정답 아스코빅애시드(비타민C)

「화장품법 시행규칙」 제12조(화장품책임판매업자의 준수사항) 제11호

다음 어느 하나에 해당하는 성분을 0.5퍼센트 이상 함유하는 제품의 경우에는 해당 품목의 안정성시험 자료를 최종 제조된 제품의 사용기한이 만료되는 날부터 1년간 보존할 것

가. 레티놀(비타민A) 및 그 유도체
나. 아스코빅애시드(비타민C) 및 그 유도체
다. 토코페롤(비타민E)
라. 과산화화합물
마. 효소

87. 정답 ㉠ 0.5, ㉡ 2, ㉢ 3, ㉣ 0.5, ㉤ 13

살리실릭애씨드 및 그 염류

- 사용한도
  - 보존제에는 살리실릭 애씨드로서 0.5%
  - 기타 성분에는 인체세정용 제품류에 살리실릭 애씨드로서 2%, 사용 후 씻어내는 두발용 제품류에 살리실릭애씨드로서 3%, 여드름성 피부를 완화하는 데 도움을 주는 인체세정용 제품류에 살리실릭애씨드로서 0.5%
- 주의사항
  - 영유아용 제품류 또는 만 13세 이하 어린이가 사용할 수 있음을 특정하여 표시하는 제품에는 사용금지(다만, 샴푸는 제외)
  - 기능성화장품의 유효성분으로 사용하는 경우에 한하며 기타 제품에는 사용금지

88. 정답 효력시험자료

「기능성화장품 심사에 관한 규정」 제6조(제출자료의 면제 등)

② 유효성 또는 기능에 관한 자료 중 인체적용시험자료를 제출하는 경우 효력시험자료 제출을 면제할 수 있다. 다만, 이 경우에는 효력시험자료의 제출을 면제받은 성분에 대해서는 효능·효과를 기재·표시할 수 없다.

89. 정답 ㉠ 판매일자, ㉡ 판매량

「화장품법 시행규칙」 제12조의2(맞춤형화장품판매업자의 준수사항)

맞춤형화장품판매업자는 제조번호, 사용기한 또는 개봉 후 사용기간, 판매일자 및 판매량이 포함된 맞춤형화장품 판매내역서(전자문서로 된 판매내역서 포함)를 작성·보관해야 한다.

90. 정답 알파-비사보롤 함유 제품

피부의 미백에 도움을 주는 기능성화장품의 성분은 알파-비사보롤(0.5%), 알부틴(2~5%)이다. 다만 알부틴이 2% 이상 함유된 제품은 「인체 적용시험 자료」에서 구진과 경미한 가려움이 보고된 예가 있으므로 민감한 고객의 피부에는 알파-비사보롤 함유 제품이 적합하다.

91. 정답 ㉠ 벤조페논-8, ㉡ 3%

<보기>에서 자외선 차단성분은 벤조페논-8로, 최대함량은 3%이다.

92. 정답 인체 외 시험

- 인체 적용시험은 화장품의 표시·광고 내용을 증명할 목적으로 해당 화장품의 효과 및 안전성을 확인하기 위하여 사람을 대상으로 실시하는 시험 또는 연구를 말한다.
- 인체 외 시험은 실험실의 배양접시, 인체로부터 분리한 모발 및 피부, 인공피부 등 인위적 환경에서 시험물질과 대조물질 처리 후 결과를 측정하는 것을 말한다.

93. 정답 ㉠ 책임판매관리자, ㉡ 종업원

교육실시기관에서 교육을 이수하여야 하는 대상자

- 책임판매관리자 또는 맞춤형화장품 조제관리사
- 교육이수명령을 받은 화장품제조업자, 화장품책임판매업자 또는 맞춤형화장품판매업자
- 교육이수명령을 받은 영업자가 교육이수명령을 받은 영업자가 종업원 중에서 지정한 책임자

94. 정답 ㉠ 케라틴, ㉡ 피지

- 각질층은 피부 수분 손실을 막고 외부와 세균으로부터 피부를 보호하고 방어하는 층으로 케라틴 약 58%, 천연보습인자(NMF) 약 31%, 세포간지질 약 11%로 구성되어 있다. 또한 모발은 섬유성 단백질인 케라틴으로 이루어져 신체를 보호하는 기능을 한다.

• 진피의 피지선에서 분비되는 피지는 피부와 모발에 윤기와 광택을 부여하고 수분의 증발 억제에 도움을 준다.

95. 정답 ㉠ 품질성적서, ㉡ 일회용 장갑, ㉢ 포장용기

「화장품법 시행규칙」 제12조의2(맞춤형화장품판매업자의 준수사항) 제2호

2. 다음의 혼합·소분 안전관리 기준을 준수할 것
   가. 혼합·소분 전에 혼합·소분에 사용되는 내용물 또는 원료에 대한 품질성적서를 확인할 것
   나. 혼합·소분 전에 손을 소독하거나 세정할 것. 다만, 혼합·소분 시 일회용 장갑을 착용하는 경우에는 그렇지 않다.
   다. 혼합·소분 전에 혼합·소분된 제품을 담을 포장용기의 오염 여부를 확인할 것
   라. 혼합·소분에 사용되는 장비 또는 기구 등은 사용 전에 그 위생 상태를 점검하고, 사용 후에는 오염이 없도록 세척할 것

96. 정답 티로시나아제

멜라닌형성세포(melanocyte) 내의 소기관인 멜라노좀(melanosome)에서 합성되며 멜라닌의 합성은 멜라노사이트 내에서 티로신(tyrosin)이라는 아미노산이 도파(DOPA), 도파퀴논(DOPA－quinone)으로 생성되는 단계에서 티로시나아제(tyrosinase)라는 산화효소가 관여한다.

97. 정답 ㉠ 금박, ㉡ 인산염, ㉢ 기능성화장품

「화장품법 시행규칙」 제19조(화장품 포장의 기재·표시 등) 제2항 제3호

3. 내용량이 10밀리리터 초과 50밀리리터 이하 또는 중량이 10그램 초과 50그램 이하 화장품의 포장인 경우에 생략할 수 없는 성분
   가. 타르색소
   나. 금박
   다. 샴푸와 린스에 들어 있는 인산염의 종류
   라. 과일산(AHA)
   마. 기능성화장품의 경우 그 효능·효과가 나타나게 하는 원료
   바. 식품의약품안전처장이 사용 한도를 고시한 화장품의 원료

98. 정답 ㉠ 피부장벽, ㉡ 의약품

탈모, 여드름성 피부, 피부장벽의 기능, 튼살에 해당하는 기능성화장품의 경우 화장품의 포장에는 "질병의 예방 및 치료를 위한 의약품이 아님"이라는 문구를 기재·표시해야 한다.

99. 정답 ㉠ 모표피(모소피), ㉡ 모피질, ㉢ 모수질

모간부는 모표피, 모피질, 모수질로 구성되어 있다. 모표피는 모발의 가장 바깥층이고, 모피질은 멜라닌색소가 있는 모발 중간의 내부층으로 모발의 탄력, 강도, 질감, 색상 등을 결정한다. 모수질은 모발의 가장 안쪽 중심부에 위치하며 배냇머리, 연모 등 얇고 부드러운 모발에는 존재하지 않는다.

100. 정답 ㉠ 책임판매, ㉡ 원료

「화장품법」 제5조(영업자의 의무 등) 제2항, 제5항

화장품책임판매업자는 화장품의 품질관리기준, 책임판매 후 안전관리기준, 품질 검사 방법 및 실시 의무, 안전성·유효성 관련 정보사항 등의 보고 및 안전대책 마련 의무 등에 관하여 총리령으로 정하는 사항을 준수하여야 한다. 또한 화장품책임판매업자는 총리령으로 정하는 바에 따라 화장품의 생산실적 또는 수입실적, 화장품의 제조과정에 사용된 원료의 목록 등을 식품의약품안전처장에게 보고하여야 한다. 이 경우 원료의 목록에 관한 보고는 화장품의 유통·판매 전에 하여야 한다.

제2회 맞춤형화장품 조제관리사 모의고사 정답과 해설

《 선다형

1	2	3	4	5	6	7	8	9	10
④	②	②	③	⑤	②	③	⑤	③	⑤
11	12	13	14	15	16	17	18	19	20
①	②	②	⑤	⑤	①	③	③	④	⑤
21	22	23	24	25	26	27	28	29	30
②	③	①	⑤	⑤	⑤	①	①	②	⑤
31	32	33	34	35	36	37	38	39	40
②	③	①	②	②	⑤	③	①	③	⑤
41	42	43	44	45	46	47	48	49	50
②	⑤	③	③	①	②	④	③	②	③
51	52	53	54	55	56	57	58	59	60
②	④	②	③	④	④	①	①	④	④
61	62	63	64	65	66	67	68	69	70
④	④	④	③	⑤	②	④	②	②	④
71	72	73	74	75	76	77	78	79	80
③	⑤	①	⑤	②	①	④	③	②	④

《 단답형

81	㉠ 1, ㉡ 3	91	㉠ 착향제, ㉡ 0.01, ㉢ 0.001
82	㉠ 실마리 정보, ㉡ 유해사례	92	경피수분손실
83	제조연월일	93	필라그린
84	㉠ AHA, ㉡ 10, ㉢ 3.5	94	㉠ 탈모, ㉡ 피부장벽, ㉢ 튼살
85	㉠ 타르색소, ㉡ 레이크	95	치오글라이콜릭애씨드(치오글리콜산)
86	㉠ 밀폐용기, ㉡ 기밀용기, ㉢ 밀봉용기	96	㉠ 할랄, ㉡ 인체적용시험
87	㉠ 안전성, ㉡ 인체적용시험자료	97	케라틴
88	㉠ 인체세정용, ㉡ 0.3	98	㉠ 안전관리 정보, ㉡ 책임판매관리자
89	㉠ 아스코빌글루코사이드, ㉡ 2	99	㉠ 아세톤, ㉡ 탄화수소, ㉢ 메틸살리실레이트
90	헤모글로빈	100	식별번호

선다형

1. 정답 ④

- 아이 메이크업 리무버 – 눈 화장용 제품류
- 기초화장용 제품류에는 수렴·유연·영양 화장수(Face lotions), 마사지 크림, 에센스, 오일, 파우더, 바디 제품, 팩, 마스크, 눈 주위 제품, 로션, 크림, 손·발의 피부연화 제품, 클렌징 워터, 클렌징 오일, 클렌징 로션, 클렌징 크림 등의 메이크업 리무버 등이 있다.

2. 정답 ②

① 일반 시험: 균등성, 향취 및 색상, 사용감, 액상, 유화형, 내온성 시험 수행

③ 미생물학적 시험: 정상적으로 제품 사용 시 미생물 증식을 억제하는 능력이 있음을 증명하는 미생물학적 시험 및 필요 시 기타 특이적 시험을 통해 미생물에 대한 안정성 평가

④ 용기적합성 시험: 제품과 용기 사이의 상호작용(용기의 제품 흡수, 부식, 화학적 반응 등)에 대한 적합성 평가

⑤ 가혹시험: 보존기간 중 제품의 안전성이나 기능성에 영향을 확인할 수 있는 품질관리상 중요한 항목 및 분해산물의 생성유무 확인

3. 정답 ②

화장품제조업자는 화장품의 제조와 관련된 기록·시설·기구 등 관리 방법, 원료·자재·완제품 등에 대한 시험·검사·검정 실시 방법 및 의무 등에 관하여 총리령으로 정하는 사항을 준수하여야 한다. A는 맞춤형화장품 조제관리사, C는 화장품책임판매업자이다.

4. 정답 ③

③ 염모제 성분 – 피로갈롤(산화염모제에 2.0%, 기타 제품에는 사용금지)

5. 정답 ⑤

개봉 후 사용기간의 표시

제품별 안전성 자료의 보관기관은 화장품의 1차 포장에 개봉 후 사용기간을 표시하는 경우 영유아 또는 어린이가 사용할 수 있는 화장품임을 표시·광고한 날부터 마지막으로 제조·수입된 제품의 제조연월일 이후 3년까지의 기간이다. 이 경우 제조는 화장품의 제조번호에 따른 제조일자를 기준으로 하며, 수입은 통관일자를 기준으로 한다.

6. 정답 ②

1차 위반행위 시

- 맞춤형화장품 조제관리사의 변경신고를 하지 않은 경우 → 시정명령
- 화장품제조업자가 작업소, 보관소 또는 실험실 중 어느 하나가 없는 경우 → 개수명령
- 화장품책임판매업자가 그 밖에 책임판매 후 안전관리기준을 준수하지 않은 경우 → 경고

7. 정답 ③

- B: 맞춤형화장품판매업자는 본인의 정당한 이익을 달성하기 위하여 필요한 경우로서 명백하게 정보주체의 권리보다 우선하는 경우 개인정보를 수집할 수 있다. 단, 개인정보처리자의 정당한 이익과 상당한 관련이 있고 합리적인 범위를 초과하지 아니하는 경우에 한한다.
- C: 맞춤형화장품판매업자는 당초 수집 목적과 합리적으로 관련된 범위에서 정보주체에게 불이익이 발생하는지 여부, 암호화 등 안전성 확보에 필요한 조치를 하였는지 여부 등을 고려하여 정보주체의 동의 없이 개인정보를 이용할 수 있다.

8. 정답 ⑤

① 실리콘오일은 표면장력이 낮고 퍼발림성이 우수하며 종류로는 다이메티콘이 있다.

② 고급지방산은 R–COOH 화학식을 가지는 물질로, 탄소 6개 이상인 친유기와 카르복실기를 가지고 있다.

③ 알코올은 R–OH 화학식을 가지는 물질이며 탄소가 6개 이상인 알코올을 고급알코올이라고 하고, 종류로는 스테아릴 알코올이 있다.

④ 라우릭 애씨드는 고급지방산의 종류이다.

9. 정답 ③

① 기질: 레이크 제조 시 순색소를 확산시키는 목적으로 사용되는 물질

② 순색소: 중간체, 희석제, 기질 등을 포함하지 아니한 순수한 색소

④ 레이크: 타르색소를 기질에 흡착, 공침 또는 단순한 혼합이 아닌 화학적 결합에 의하여 확산시킨 색소

⑤ 타르색소: 색소 중 콜타르, 그 중간생성물에서 유래되었거나 유기합성하여 얻은 색소 및 그 레이크, 염, 희석제와의 혼합물

10. 정답 ⑤

화장품책임판매업자는 알레르기 유발성분이 기재된 '제조증명서'나 '제품표준서'를 구비하여야 한다. 또는 알레르기 유발성분이 제품에 포함되어 있음을 입증하는 제조사에서 제공한 시험성적서, 원료규격서 등과 같은 신뢰성 있는 자료를 보관해야 한다.

11. 정답 ①

성분에 따른 화장품 사용 시 주의사항

화장품의 함유 성분별 사용 시 주의사항에 의하면 살리실릭애씨드 및 그 염류 함유 제품과 아이오도프로피닐부틸카바메이트(IPBC) 함유 제품에는 "만 3세 이하 영유아에게는 사용하지 말 것"이라는 문구를 표시해야 한다.

12. 정답 ②

섭씨 15℃ 이하의 어두운 장소에 보존하고, 색이 변하거나 침전된 경우 사용하지 말 것

13. 정답 ②

피부에 보습 기능을 하는 소듐하이알루로네이트(Sodium Hyaluronate) 함유 제품과 주름개선 기능성 성분인 아데노신(Adenosine) 함유 제품을 추천한다.

14. 정답 ⑤

화장품의 제조 등에 사용할 수 없는 원료를 사용한 화장품은 가 등급의 위해화장품이다. 나머지 ①~④는 다 등급에 해당한다.

15. 정답 ⑤

부틸렌글라이콜

부틸렌글라이콜은 화장품의 용제로 주로 사용되며, 화장품의 구성 성분을 용해시키는 역할을 한다. 수분을 끌어당기는 기능이 있어 주로 보습제로 사용된다.

16. 정답 ①

유해사례란 화장품의 사용 중 발생한 바람직하지 않고 의도되지 아니한 징후, 증상 또는 질병을 말하며, 당해 화장품과 반드시 인과관계를 가져야 하는 것은 아니다.

17. 정답 ③

천연화장품 및 유기농화장품의 제조에 사용할 수 있는 [별표 3] 허용 기타원료 중 앱솔루트, 콘크리트, 레지노이드는 천연화장품에만 사용할 수 있다.

18. 정답 ③

칼슘카보네이트

칼슘카보네이트는 제품의 사용성, 퍼짐성, 부착성, 흡수성, 광택 등을 조성하는 데 사용되는 무기계 체질 안료 성분이다.

19. 정답 ④

안트라센오일, 비치오놀, 벤조일퍼옥사이드, 아다팔렌 등은 화장품에 사용할 수 없는 원료이다.

20. 정답 ⑤

안전용기·포장 대상 품목

- 아세톤을 함유하는 네일 에나멜 리무버 및 네일 폴리시 리무버
- 어린이용 오일 등 개별포장당 탄화수소류를 10퍼센트 이상 함유하고 운동점도가 21센티스톡스(섭씨 40도 기준) 이하인 비에멀젼 타입의 액체상태의 제품
- 개별포장당 메틸 살리실레이트를 5퍼센트 이상 함유하는 액체상태의 제품

21. 정답 ②

ㄷ. 손·발의 피부연화 제품
- 눈, 코 또는 입 등에 닿지 않도록 주의하여 사용할 것
- 프로필렌 글리콜(Propylene glycol)을 함유하고 있으므로 이 성분에 과민하거나 알레르기 병력이 있는 사람은 신중히 사용할 것(프로필렌 글리콜 함유제품만 표시)

ㅁ. 고압가스를 사용하지 않는 분무형 자외선 차단제: 얼굴에 직접 분사하지 말고 손에 덜어 얼굴에 바를 것

22. 정답 ③

- 시험조작을 할 때 「직후」 또는 「곧」이란 보통 앞의 조작이 종료된 다음 30초 이내에 다음 조작을 시작하는 것을 말한다.
- 검체의 채취량에 있어서 「약」이라고 붙인 것은 기재된 양의 ±10%의 범위를 뜻한다.

23. 정답 ①

프로파진은 화장품에 사용할 수 없는 원료에 해당된다.

24. 정답 ⑤

① 옥시벤존(벤조페논-3), 5%
② 시녹세이트, 5%
③ 드로메트리졸, 1%
④ 호모살레이트, 10%

25.
정답 ⑤

• 회수대상 화장품의 위해성 가 등급
  – 화장품의 제조 등에 사용할 수 없는 원료를 사용한 화장품
  – 보존제, 색소, 자외선차단제 등 사용기준이 지정·고시된 원료 외의 사용할 수 없는 원료를 사용한 화장품
• 회수대상 화장품의 위해성 나 등급
  – 안전용기·포장기준에 위반되는 화장품
  – 유통화장품 안전관리기준에 적합하지 않은 화장품(내용량 부족, 기능성화장품 주원료 함량 부적합 제외)

26.
정답 ⑤

화장품 위해평가의 4단계

• 위험성 확인(Hazard identification): 위해요소에 노출됨에 따라 발생할 수 있는 독성의 정도와 영향의 종류 등을 파악하는 과정
• 위험성 결정(Hazard characterization): 동물실험결과 등으로부터 독성기준값을 결정하는 과정
• 노출평가(Exposure assessment): 화장품의 사용으로 인해 위해요소에 노출되는 양 또는 노출수준을 정량적 또는 정성적으로 산출하는 과정
• 위해도 결정(Risk characterization): 위해요소 및 이를 함유한 화장품의 사용에 따른 건강상 영향을 인체노출허용량(독성기준값) 및 노출수준을 고려하여 사람에게 미칠 수 있는 위해의 정도와 발생빈도 등을 정량적으로 예측하는 과정

27.
정답 ①

알레르기 유발성분의 함량에 따른 표시 방법이나 순서를 별도로 정하고 있지는 않으나, 전성분 표시 방법을 적용하기를 권장하고 있다. 향료와 벤질살리실레이트, 참나무이끼추출물과 같은 알레르기 유발성분은 별도로 표기해야 한다.

28.
정답 ①

물질	검출허용 한도	비고
메탄올	물휴지는 0.002(v/v)% 이하	물휴지 외 유통화장품 0.2(v/v)% 이하
포름알데하이드	물휴지는 20μg/g 이하	물휴지 외 유통화장품 2,000μg/g 이하

29.
정답 ②

"1차 포장"이란 화장품 제조 시 내용물과 직접 접촉하는 포장용기를 말한다.

30.
정답 ⑤

세균수 시험을 위해 30~35℃에서 적어도 48시간 배양한다. 진균수 시험을 위해서는 20~25℃에서 적어도 5일간 배양한다. ㉠~㉥의 숫자를 모두 더하면, 30+35+48+20+25+5=163

31.
정답 ②

화장품 포장에 기재·표시를 생략할 수 있는 성분

• 제조과정 중에 제거되어 최종 제품에는 남아 있지 않은 성분
• 안정화제, 보존제 등 원료 자체에 들어 있는 부수 성분으로서 그 효과가 나타나게 하는 양보다 적은 양이 들어 있는 성분
• 10ml < 내용량 ≦ 50ml 또는 10g < 내용량 ≦ 50g 화장품의 포장인 경우에는 다음 성분을 제외한 성분
  – 타르색소
  – 금박
  – 샴푸와 린스에 들어 있는 인산염의 종류
  – 과일산(AHA)
  – 기능성화장품의 경우 그 효능·효과가 나타나게 하는 원료
  – 식품의약품안전처장이 사용 한도를 고시한 화장품의 원료

32.
정답 ③

내용량의 기준

• 제품 3개를 가지고 시험할 때 그 평균 내용량이 표기량에 대하여 97% 이상(다만, 화장 비누의 경우 건조중량을 내용량으로 한다)
• 기준치를 벗어날 경우: 6개를 더 취하여 시험할 때 9개의 평균 내용량이 97% 이상

33.
정답 ①

색조 화장용 제품류, 눈 화장용 제품류, 두발염색용 제품류 또는 손발톱용제품류에서 호수별로 착색제가 다르게 사용된 경우 '± 또는 +/−'의 표시 다음에 사용된 모든 착색제 성분을 함께 기재·표시할 수 있다.

34. 정답 ②

유지관리는 예방적 활동, 유지보수, 정기 검교정으로 나눌 수 있다. 예방적 활동은 망가지고 나서 수리하는 일이 아닌, 계획 하에 정기적으로 주요 설비 및 시험장비에 대하여 부속품들을 교체하는 일을 말한다. 유지보수는 고장 발생 시의 긴급점검이나 수리를 말하며 설비가 불량해져서 사용할 수 없을 때는 그 설비를 제거하거나 확실하게 사용불능 표시를 해야 한다. 정기 검교정은 제품의 품질에 영향을 줄 수 있는 계측기에 대하여 정기적으로 계획을 수립하여 정확한 측정이 가능하도록 실시해야 한다.

35. 정답 ②

화장품제조업자가 시설의 일부를 갖추지 아니할 수 있는 경우

- 품질검사를 위탁하는 경우 품질검사를 위하여 필요한 시험실
- 품질검사를 위탁하는 경우 품질검사를 위하여 필요한 시설 및 기구
- 화장품의 일부 공정만을 제조하는 경우에는 해당 공정에 필요한 시설 및 기구 외의 시설 및 기구

36. 정답 ⑤

① 원료 공급처의 사용기한을 준수하여 보관기한을 설정해야 한다.
② 재평가 방법을 확립해 두면 보관기한이 지난 원료를 재평가해서 사용할 수 있다.
③ 재평가 시스템을 통해 보관기한이 경과한 경우 사용하지 않도록 규정해야 한다.
④ 사용기한 내에서 자체적인 재시험기간과 최대 보관기한을 설정·준수해야 한다.

37. 정답 ③

제조구역별 접근권한이 없는 작업원 및 방문객은 가급적 제조, 관리 및 보관구역 내에 들어가지 않도록 한다.

38. 정답 ①

ㄷ. 각 뱃치를 대표하는 검체를 보관한다.
ㄹ. 개봉 후 사용기간을 기재하는 경우에는 제조일로부터 3년간 보관한다.
ㅁ. 일반적으로는 각 뱃치별로 제품 시험을 2번 실시할 수 있는 양을 보관한다.

39. 정답 ③

원료와 포장재가 재포장될 때, 새로운 용기에는 원래와 동일한 라벨링이 있어야 한다.

40. 정답 ⑤

가격은 소비자에게 화장품을 직접 판매하는 자가 판매하려는 가격을 표시하여야 한다.

41. 정답 ②

유통화장품의 비의도적 유래 물질의 검출 허용한도 기준

- 디옥산: 100㎍/g 이하
- 황색포도상구균: 불검출
- 비소: 10㎍/g 이하
- 카드뮴: 5㎍/g 이하
- 안티몬: 10㎍/g 이하

42. 정답 ⑤

- 제조실, 내용물보관소, 원료 칭량실(2등급): 낙하균 30개/hr 또는 부유균 200개/㎥
- 포장실(3등급): 갱의, 포장재의 외부 청소 후 반입
- 일반 시험실(4등급): 관리 기준 없음

43. 정답 ③

① 비소: 10㎍/g 이하
② 메탄올: 0.2(v/v)% 이하, 물휴지는 0.002%(v/v) 이하
④ 니켈: 눈 화장용 제품은 35㎍/g 이하, 색조 화장용 제품은 30㎍/g 이하, 그 밖의 제품은 10㎍/g 이하
⑤ 프탈레이트류(디부틸프탈레이트, 부틸벤질프탈레이트 및 디에칠헥실프탈레이트에 한함): 총 합으로서 100㎍/g 이하

44. 정답 ③

ㄴ. "제조"란 원료 물질의 칭량부터 혼합, 충전(1차포장), 2차포장 및 표시 등의 일련의 작업을 말한다.
ㄹ. "품질보증"이란 제품이 적합 판정 기준에 충족될 것이라는 신뢰를 제공하는 데 필수적인 모든 계획되고 체계적인 활동을 말한다.
ㅂ. "내부감사"란 제조 및 품질과 관련한 결과가 계획된 사항과 일치하는지의 여부와 제조 및 품질관리가 효과적으로 실행되고 목적 달성에 적합한지 여부를 결정하기 위한 회사 내 자격이 있는 직원에 의해 행해지는 체계적이고 독립적인 조사를 말한다.

ㅅ. "불만"이란 제품이 규정된 적합판정기준을 충족시키지 못한다고 주장하는 외부 정보를 말한다.

45. 정답 ①

화장품 포장공정은 벌크제품을 용기에 충전하고 포장하는 공정이다.

46. 정답 ②

한 번에 입고된 원료와 내용물은 제조단위별로 각각 구분하여 관리하여야 한다.

47. 정답 ④

㉢ 흰 천을 사용할지 검은 천을 사용할지는 전회 제조물의 종류로 정하면 된다.

㉤ 잔존하는 불용물을 정량할 수 없으므로 신뢰도가 떨어진다.

48. 정답 ③

- 세균수: $[(66+58)/2]\times 10=620$
- 진균수: $[(28+24)/2]\times 10=260$
- 총호기성생균수는 $620+260=880$개/ml, 기타 화장품의 총호기성생균수 미생물한도 기준은 1,000개/ml 이하이므로 적합하다.

49. 정답 ②

수세실과 화장실은 접근이 쉬워야 하나 생산구역과 분리되어 있어야 한다.

50. 정답 ③

칭량한 원료를 넣는 용기의 내부뿐만 아니라 외부도 청결한 것을 육안으로 확인한다.

51. 정답 ②

재작업 실시 시에는 발생한 모든 일들을 재작업 제조기록서에 기록한다.

52. 정답 ④

설비는 생산책임자가 허가한 사람 이외의 사람이 가동시켜서는 안 된다.

53. 정답 ②

선로션 제품의 안전기준

- 수은: 1㎍/g 이하
- 옥토크릴렌: 10%
- 페녹시에탄올: 1.0%
- 징크옥사이드: 25%
- 총호기성 생균수: 기타 화장품 1000개/g 이하

54. 정답 ③

① 주름 개선 성분인 폴리에톡실레이티드레틴아마이드가 함유되어 있다.

② 알부틴 2% 이상 함유 제품에서 「인체적용시험자료」에서 구진과 경미한 가려움이 보고된 예가 있지만, 이 제품에는 1% 이하로 함유되어 있다.

④ 참깨오일은 알레르기 유발 성분 25종에 해당하지 않는다.

⑤ 소듐하이알루로네이트는 보습 성분으로 건조한 피부에 효과가 있다.

55. 정답 ④

- C: 보존제 성분으로 클로로부탄올(0.5%)은 에어로졸 제품에는 사용 금지된 성분이다.
- E: Disodium EDTA는 금속이온봉쇄제 기능을 하고, 쿼터늄-15(0.2%)는 보존제 성분이다.

56. 정답 ④

자가 평가 중 일반인(소비자)을 대상으로 관찰하거나 느낄 수 있는 변수들에 기초하여 화장품 특성에 대한 소비자의 선호도를 평가하는 방법에 대한 설명이다. 상품명, 디자인, 표시사항 등의 정보를 제공하지 않는 제품을 사용하여 시험하는 것을 맹검 시험이라고 한다.

57. 정답 ①

② pH 미터: 원료 및 내용물의 pH(산도)를 측정할 때 사용한다.

③ 헤라: 실리콘 재질의 주걱으로, 내용물 및 특정 성분을 비커에서 깨끗하게 덜어낼 때 사용한다.

④ 오버헤드스터러: 내용물에 내용물을 또는 내용물에 특정 성분을 혼합 및 분산 시 사용하며 점증제를 물에 분산 시 사용한다.

⑤ 경도계: 액체 및 반고형 제품의 유동성을 측정할 때 사용한다.

58. 정답 ①

화장품의 포장에 기재·표시하여야 하는 사항 중 맞춤형화장품의 경우에는 식품의약품안전처장이 정하는 바코드를, 수입화장품인 경우에는 제조국의 명칭, 제조회사명 및 그 소재지를 제외한다.

59. 정답 ④

맞춤형화장품 조제관리사의 결격사유

- 「정신건강증진 및 정신질환자 복지서비스 지원에 관한 법률」에 따른 정신질환자
  ※ 전문의가 맞춤형화장품 조제관리사로서 적합하다고 인정하는 사람 제외
- 「마약류 관리에 관한 법률」에 따른 마약류의 중독자
- 피성년후견인
- 화장품법 또는 「보건범죄 단속에 관한 특별조치법」을 위반하여 금고 이상의 형을 선고받고 그 집행이 끝나지 아니하거나 그 집행을 받지 아니하기로 확정되지 아니한 자
- 맞춤형화장품 조제관리사의 자격이 취소된 날부터 3년이 지나지 아니한 자

60. 정답 ④

화장품책임판매업자가 0.5% 이상 함유하는 제품의 안정성 시험 자료를 최종 제조된 제품의 사용기한이 만료되는 날부터 1년간 보존해야 하는 성분은 다음과 같다.

- 레티놀(비타민A) 및 그 유도체
- 아스코빅애시드(비타민C) 및 그 유도체
- 토코페롤(비타민E)
- 과산화화합물
- 효소

61. 정답 ④

천연화장품 및 유기농화장품의 제조에 대해 금지되는 공정은 공기, 산소, 질소, 이산화탄소, 아르곤 가스 외의 분사제를 사용한 제조공정이다.

62. 정답 ④

맞춤형화장품에 사용할 수 없는 원료

- [별표 1]의 화장품에 사용할 수 없는 원료(갈란타민, 돼지폐추출물, 퓨란, 프로파진)
- [별표 2]의 화장품에 사용상의 제한이 필요한 원료
- 식품의약품안전처장이 고시한 기능성화장품의 효능·효과를 나타내는 원료(엘-멘톨, 징크피리치온, 피로갈롤, 레티닐팔미테이트, 호모살레이트, 폴리에톡실레이티드레틴아마이드)

63. 정답 ④

세포간지질은 세라마이드 약 50%, 지방산 약 30%, 콜레스테롤 약 15% 등으로 구성되어 있다.

64. 정답 ③

광노화를 일으키는 자외선은 UVA이고, 파장은 320~400nm이다.

65. 정답 ⑤

맞춤형화장품판매업자가 판매업소로 신고한 소재지 외의 장소에서 1개월의 범위에서 한시적으로 같은 영업을 하려는 경우에는 해당 맞춤형화장품판매업 신고서에 맞춤형화장품 판매업 신고필증 사본과 맞춤형화장품 조제관리사 자격증 사본을 첨부하여 제출해야 한다.

66. 정답 ②

ㄱ. 피험자는 선정기준에 따라 제품당 10명 이상을 선정한다.
ㄷ. 시험은 피험자의 등에 한다. 시험 부위는 피부손상, 과도한 털 또는 색조에 특별히 차이가 있는 부분을 피하여 선택하여야 하고, 깨끗하고 마른 상태이어야 한다.
ㄹ. 피험자의 등에 무도포 부위, 표준시료 도포 부위와 제품 도포 부위를 구획·도포한 후 상온에서 15분간 방치하여 건조한 다음 최소홍반량을 측정한다.

67. 정답 ④

유통화장품 중 영·유아용 제품류의 미생물한도 안전관리기준은 총호기성생균수(세균수+진균수)는 500개/g(mL) 이하여야 하고 대장균, 녹농균, 황색포도상구균은 불검출되어야 한다.

68. 정답 ②

손 소독제는 피부 살균, 소독의 목적으로 사용하며 주성분으로 소독효과가 있는 성분, 즉 알코올 등을 함유하고 있는 의약외품이다. 의약외품은 맞춤형화장품에 해당하지 않아 조제할 수 없다. 반면 손 세정제 혹은 손 청결제는 화장품으로 분류되며 손의 청결을 위해 오염물을 제거하기 위한 목적으로 사용한다.

69. 정답 ②

맞춤형화장품 조제관리사 자격시험에 합격한 사람으로서 화장품 제조 또는 품질관리 업무에 1년 이상 종사한 경력이 있는 사람은 책임판매관리자가 될 수 있다.

70. 정답 ④

식품의약품안전처장은 폐업신고 또는 휴업신고를 받은 날부터 7일 이내에 신고수리 여부를 신고인에게 통지하여야 한다. 식품의약품안전처장이 7일 이내에 신고수리 여부 또는 민원 처리 관련 법령에 따른 처리기간의 연장을 신고인에게 통지하지 아니하면 그 기간이 끝난 날의 다음 날에 신고를 수리한 것으로 본다.

71. 정답 ③

내용물	기준	세균수	진균수	총호기성 생균수	판정
베이비 샴푸	500개/g(mL) 이하	150개	100개	250개	적합
마스카라	500개/g(mL) 이하	250개	320개	570개	부적합
물휴지	각각 100개/g(mL) 이하	110개	200개	110개, 200개	부적합
바디 로션	1,000개/g(mL) 이하	450개	300개	750개	적합
립스틱	1,000개/g(mL) 이하	390개	150개	540개	적합

72. 정답 ⑤

- 팩은 pH 기준이 3.0~9.0인 기초화장용 제품류에 속한다.
- 팩을 사용할 때의 주의사항: 눈 주위를 피하여 사용할 것
- 체취 방지용 제품을 사용할 때의 주의사항: 털을 제거한 직후에는 사용하지 말 것

73. 정답 ①

"눈에 접촉을 피하고 눈에 들어갔을 때는 즉시 씻어낼 것"을 표시해야 하는 제품

- 과산화수소 및 과산화수소 생성물질 함유 제품
- 벤잘코늄클로라이드, 벤잘코늄브로마이드 및 벤잘코늄사카리네이트 함유 제품

74. 정답 ⑤

상시근로자수가 2인 이하로서 직접 제조한 화장비누만을 판매하는 화장품책임판매업자는 해당 안전성 정보를 보고하지 아니할 수 있다.

75. 정답 ②

수입하려는 상대국의 법령에 따라 제품 개발에 동물실험이 필요한 경우

76. 정답 ①

- 자외선 차단효과가 있는 성분 중 피부에 자극이 적고 백탁 현상이 있는 성분은 징크옥사이드와 티타늄디옥사이드가 있다.
- 향수의 종류 중에서 지속력이 가장 긴 것은 퍼퓸이다.

77. 정답 ④

① 입술에 사용할 수 없는 보존제 성분인 에칠라우로일알지네이트 하이드로클로라이드가 함유되어 있다.
② 사용상의 제한이 필요한 원료 중 자외선 차단 성분인 티이에이-살리실레이트, 멘틸안트라닐레이트가 함유되어 있다.
③ 피부의 미백에 도움을 주는 기능성화장품 성분인 닥나무추출물, 알파-비사보롤이 함유되어 있다.
④ '향료'로 표시할 수 없고 성분의 명칭을 기재해야 하는 성분은 파네솔(50mg, 0.05%), 벤질살리실레이트(30mg, 0.03%)로, 총 2개이다.
⑤ 천연화장품 및 유기농화장품의 제조에 사용할 수 있는 합성보존제인 소르빅애씨드가 함유되어 있다.

78. 정답 ③

착향제의 구성 성분 중 해당 성분의 명칭을 기재·표시하여야 하는 알레르기 유발성분의 함량은 사용 후 씻어내는 제품에는 0.01% 초과, 사용 후 씻어내지 않는 제품에는 0.001% 초과 함유하는 경우에 한한다.

A+B제품(100g)			
성분	함량	비율	기재·표시 여부
정제수	50g	50%	×
…			
헥실신남알	10mg	0.01%	×
리날룰	12.5mg	0.0125%	○
제라니올	1.5mg	0.0015%	×
시트로넬올	1mg	0.001%	×
유제놀	11mg	0.011%	○

79. 정답 ②

ㄴ. 변취는 제품 적당량을 손등에 펴 바른 뒤 원료의 베이스 냄새를 기준으로 제조 직후 최종 표준품과 비교해 변취 여부를 확인한다.

ㄹ. 점도는 시료를 실온이 되도록 방치한 뒤 점도 측정용기에 넣고 시료의 점도 범위에 적합한 회전봉(Spindle)을 사용하여 점도를 측정한다. 점도가 높은 경우에는 경도를 측정한다.

80. 정답 ④

탈모 증상의 완화에 도움을 주는 성분으로는 덱스판테놀, 비오틴, 엘-멘톨, 징크피리치온 성분이 있다. 모발의 밀도와 성장 속도는 포토트리코그람을 활용하여 분석할 수 있다.

단답형

81. 정답 ㉠ 1, ㉡ 3

제품별 안전성 자료의 보관기간

- 화장품의 1차 포장에 사용기한을 표시하는 경우: 영유아 또는 어린이가 사용할 수 있는 화장품임을 표시·광고한 날부터 마지막으로 제조·수입된 제품의 사용기한 만료일 이후 1년까지의 기간
- 화장품의 1차 포장에 개봉 후 사용기간을 표시하는 경우: 영유아 또는 어린이가 사용할 수 있는 화장품임을 표시·광고한 날부터 마지막으로 제조·수입된 제품의 제조연월일 이후 3년까지의 기간

82. 정답 ㉠ 실마리 정보, ㉡ 유해사례

- 실마리 정보란 유해사례와 화장품 간의 인과관계 가능성이 있다고 보고된 정보로서 그 인과관계가 알려지지 아니하거나 입증자료가 불충분한 것을 말한다.
- 유해사례란 화장품의 사용 중 발생한 바람직하지 않고 의도되지 아니한 징후, 증상 또는 질병을 말하며, 당해 화장품과 반드시 인과관계를 가져야 하는 것은 아니다.

83. 정답 제조연월일

화장품의 명칭, 화장품책임판매업자 또는 맞춤형화장품판매업자의 상호, 가격, 제조번호와 사용기한 또는 개봉 후 사용기간만을 기재·표시할 수 있다. 개봉 후 사용기간을 기재할 경우에는 제조연월일을 병행 표기하여야 한다. 판매의 목적이 아닌 제품의 선택 등을 위하여 미리 소비자가 시험·사용하도록 제조 또는 수입된 화장품의 포장에서 가격이란 견본품이나 비매품 등의 표시를 말한다.

84. 정답 ㉠ AHA, ㉡ 10, ㉢ 3.5

알파-하이드록시애시드(α-hydroxyacid, AHA) 함유 제품의 사용 시 주의사항

※ 0.5퍼센트 이하의 AHA가 함유된 제품은 제외한다.

- 햇빛에 대한 피부의 감수성을 증가시킬 수 있으므로 자외선 차단제를 함께 사용할 것(씻어내는 제품 및 두발용 제품은 제외한다)
- 일부에 시험 사용하여 피부 이상을 확인할 것
- 고농도의 AHA 성분이 들어 있어 부작용이 발생할 우려가 있으므로 전문의 등에게 상담할 것(AHA 성분이 10퍼센트를 초과하여 함유되어 있거나 산도가 3.5 미만인 제품만 표시한다)

85. 정답 ㉠ 타르색소, ㉡ 레이크

- "타르색소"라 함은 색소 중 콜타르, 그 중간생성물에서 유래되었거나 유기합성하여 얻은 색소 및 그 레이크, 염, 희석제와의 혼합물을 말한다.
- "레이크"라 함은 타르색소를 기질에 흡착, 공침 또는 단순한 혼합이 아닌 화학적 결합에 의하여 확산시킨 색소를 말한다.

86. 정답 ㉠ 밀폐용기, ㉡ 기밀용기, ㉢ 밀봉용기

- "밀폐용기"라 함은 일상의 취급 또는 보통 보존상태에서 외부로부터 고형의 이물이 들어가는 것을 방지하고 고형의 내용물이 손실되지 않도록 보호할 수 있는 용기를 말한다. 밀폐용기로 규정되어 있는 경우에는 기밀용기도 쓸 수 있다.
- "기밀용기"라 함은 일상의 취급 또는 보통 보존상태에서 액상 또는 고형의 이물 또는 수분이 침입하지 않고 내용물을 손실, 풍화, 조해 또는 증발로부터 보호할 수 있는 용기를 말한다. 기밀용기로 규정되어 있는 경우에는 밀봉용기도 쓸 수 있다.

87. 정답 ㉠ 안전성, ㉡ 인체적용시험자료

「기능성화장품 기준 및 시험방법」(식품의약품안전처 고시), 국제화장품원료집(ICID) 및 「식품의 기준 및 규격」(식품의약품안전처 고시)에서 정하는 원료로 제조되거나 제조되어 수입된 기능성화장품의 경우 안전성에 관한 자료 제출을 면제한다. 다만, 유효성 또는 기능 입증자료 중 인체적용시험자료에서 피부이상반응 발생 등 안전성 문제가 우려된다고 식품의약품안전처장이 인정하는 경우에는 안전성에 관한 자료를 제출해야 한다.

88. 정답 ㉠ 인체세정용, ㉡ 0.3

트리클로산은 사용 후 씻어내는 인체세정용 제품류, 데오도런트, 페이스파우더, 피부결점을 감추기 위해 국소적으로 사용하는 파운데이션에 최대 0.3%까지 사용할 수 있고 기타 제품에는 사용할 수 없다.

89. 정답 ㉠ 아스코빌글루코사이드, ㉡ 2

아스코빌글루코사이드의 분자식은 $C_{12}H_{18}O_{11}$(338.27)이고 CAS 번호는 129499－78－1이다. 피부의 미백에 도움을 주는 기능성화장품의 성분으로 분류되어 있으며 함량은 2%이다. 이 원료는 정량할 때 아스코빌글루코사이드 98.0% 이상을 함유한다.

90. 정답 헤모글로빈

신체 피부의 색은 멜라닌 색소, 카로티노이드 색소, 헤모글로빈에 의하여 결정될 수 있다. 또한 피부상태 분석 시 피부의 민감도는 헤모글로빈의 수치를 통해 피부의 붉은기를 측정할 수 있다.

91. 정답 ㉠ 착향제, ㉡ 0.01, ㉢ 0.001

착향제는 "향료"로 표시할 수 있다. 착향제 구성 성분 중 식품의약품안전처장이 고시한 알레르기 유발성분이 있는 경우에는 "향료"로만 표시할 수 없고, 해당 성분의 명칭을 기재·표시해야 한다. 「화장품 사용 시의 주의사항 및 알레르기 유발성분 표시에 관한 규정」에서 정한 25종 성분 함량이 사용 후 씻어내는 제품에서 0.01% 초과, 사용 후 씻어내지 않는 제품에서 0.001% 초과 함유하는 경우에 한하여 해당 성분의 명칭을 기재한다.

92. 정답 경피수분손실

경피수분손실(TEWL) 분석법은 각질층으로 구성된 피부 장벽층을 통과하여 증발하는 수분량을 측정한 후 피부 장벽의 세기와 기능을 평가하는 피부 분석법이다.

93. 정답 필라그린

천연보습인자(NMF)를 구성하는 수용성의 아미노산은 필라그린이 각질층세포의 하층으로부터 표층으로 이동함에 따라 각질층 내의 단백분해효소에 의해 분해된 것이다. 필라그린은 각질층 상층에 이르는 과정에서 아미노펩티데이스, 카복시펩티데이스 등의 활동에 의해서 최종적으로 아미노산으로 분해된다.

94. 정답 ㉠ 탈모, ㉡ 피부장벽, ㉢ 튼살

기능성화장품의 종류

- 피부에 멜라닌색소가 침착하는 것을 방지하여 기미·주근깨 등의 생성을 억제함으로써 피부의 미백에 도움을 주는 기능을 가진 화장품
- 피부에 침착된 멜라닌색소의 색을 엷게 하여 피부의 미백에 도움을 주는 기능을 가진 화장품
- 피부에 탄력을 주어 피부의 주름을 완화 또는 개선하는 기능을 가진 화장품
- 강한 햇볕을 방지하여 피부를 곱게 태워주는 기능을 가진 화장품
- 자외선을 차단 또는 산란시켜 자외선으로부터 피부를 보호하는 기능을 가진 화장품
- 모발의 색상을 변화(탈염, 탈색 포함)시키는 기능을 가진 화장품. 다만, 일시적으로 모발의 색상을 변화시키는 제품은 제외
- 체모를 제거하는 기능을 가진 화장품. 다만, 물리적으로 체모를 제거하는 제품은 제외
- 탈모 증상의 완화에 도움을 주는 화장품. 다만, 코팅 등 물리적으로 모발을 굵게 보이게 하는 제품은 제외
- 여드름성 피부를 완화하는 데 도움을 주는 화장품. 다만, 인체세정용 제품류로 한정
- 피부장벽(피부의 가장 바깥쪽에 존재하는 각질층의 표피)의 기능을 회복하여 가려움 등의 개선에 도움을 주는 화장품
- 튼살로 인한 붉은 선을 엷게 하는 데 도움을 주는 화장품

95. 정답 치오글라이콜릭애씨드(치오글리콜산)

치오글라이콜릭애씨드($C_2H_4O_2S$)는 퍼머넌트웨이브용 및 헤어 스트레이트너 제품에서 제1제로 사용되는 환원성 물질이며 체모를 제거하는 기능을 가진 기능성화장품 성분이다.

96. 정답 ㉠ 할랄, ㉡ 인체적용시험

할랄 화장품, 천연화장품 또는 유기농화장품 등을 인증·보증하는 기관으로서 식품의약품안전처장이 정하는 기관은 제외하고 의사·치과의사·한의사·약사·의료기관 또는 그 밖의 자가 이를 지정·공인·추천·지도·연구·개발 또는 사용하고 있다는 내용이나 이를 암시하는 등의 표시·광고를 하지 말아야 한다. 다만, 인체적용시험 결과가 관련 학회 발표 등을 통하여 공인된 경우에는 그 범위에서 관련 문헌을 인용할 수 있으며, 이 경우 인용한 문헌의 본래 뜻을 정확히 전달하여야 하고, 연구자 성명·문헌명과 발표연월일을 분명히 밝혀야 한다.

97. 정답 케라틴

모발의 주성분은 케라틴이며, 모피질에는 피질세포, 케라틴, 멜라닌이 존재한다.

98. 정답 ㉠ 안전관리 정보, ㉡ 책임판매관리자

- 안전관리 정보란 화장품의 품질, 안전성·유효성, 그 밖에 적정 사용을 위한 정보를 말한다.
- 화장품책임판매업자는 책임판매관리자를 두어야 하며, 안전확보 업무를 적정하고 원활하게 수행할 능력을 갖는 인원을 충분히 갖추어야 한다.

99. 정답 ㉠ 아세톤, ㉡ 탄화수소, ㉢ 메틸살리실레이트

안전용기·포장 대상 품목 및 기준

- 아세톤을 함유하는 네일 에나멜 리무버 및 네일 폴리시 리무버
- 어린이용 오일 등 개별포장당 탄화수소류를 10% 이상 함유하고 운동점도가 21센티스톡스(섭씨 40도 기준) 이하인 에멀션 형태가 아닌 액체상태의 제품
- 개별포장당 메틸살리실레이트를 5% 이상 함유하는 액체상태의 제품

100. 정답 식별번호

식별번호란 맞춤형화장품의 혼합·소분에 사용되는 내용물 또는 원료의 제조번호와 혼합·소분 기록을 추적할 수 있도록 맞춤형화장품판매업자가 숫자·문자·기호 또는 이들의 특징적인 조합으로 부여한 번호를 뜻한다.

제3회 맞춤형화장품 조제관리사 모의고사 정답과 해설

《 선다형

1	2	3	4	5	6	7	8	9	10
③	④	⑤	④	③	⑤	②	①	②	③
11	12	13	14	15	16	17	18	19	20
⑤	④	②	③	③	⑤	④	④	②	③
21	22	23	24	25	26	27	28	29	30
②	①	②	④	④	④	①	①	③	④
31	32	33	34	35	36	37	38	39	40
③	③	①	①	③	④	⑤	②	④	③
41	42	43	44	45	46	47	48	49	50
④	③	③	⑤	②	①	①	④	④	②
51	52	53	54	55	56	57	58	59	60
①	②	⑤	③	②	⑤	④	①	③	④
61	62	63	64	65	66	67	68	69	70
①	②	③	②	②	③	④	①	③	②
71	72	73	74	75	76	77	78	79	80
③	⑤	③	①	⑤	①	②	③	①	④

《 단답형

81	㉠ 표준통관예정, ㉡ 수입관리기록서	91	체모의 제거
82	㉠ 제품표준서, ㉡ 품질관리기록서, ㉢ 품질성적서	92	인체누적첩포시험자료
83	개수	93	㉠ 15, ㉡ 화장품책임판매업자
84	㉠ 벌크, ㉡ 재작업	94	㉠ 20, ㉡ 10
85	㉠ 유리알칼리, ㉡ 0.1%	95	㉠ 3세, ㉡ 기저귀
86	㉠ 향료, ㉡ 알레르기	96	소르비톨
87	㉠ 5, ㉡ 1	97	㉠ 광독성, ㉡ 광감작성
88	㉠ 미셀, ㉡ 임계미셀농도	98	㉠ 700, ㉡ 부적합
89	㉠ 10, ㉡ 25	99	㉠ 방향용, ㉡ 원료
90	㉠ 최소홍반량, ㉡ 최소지속형즉시흑화량	100	㉠ 멜라닌, ㉡ 케라티노사이트(각질형성세포)

선다형

1.
정답 ③

- "화장품"이란 인체를 청결·미화하여 매력을 더하고 용모를 밝게 변화시키거나 피부·모발의 건강을 유지 또는 증진하기 위하여 인체에 바르고 문지르거나 뿌리는 등 이와 유사한 방법으로 사용되는 물품으로서 인체에 대한 작용이 경미한 것을 말한다. 다만, 「약사법」 제2조 제4호의 의약품에 해당하는 물품은 제외한다.
- "표시"란 화장품의 용기·포장에 기재하는 문자·숫자·도형 또는 그림 등을 말한다.

2.
정답 ④

화장품제조업 또는 화장품책임판매업의 등록과 맞춤형화장품판매업의 신고가 불가능한 경우(결격 사유)

1. 「정신건강증진 및 정신질환자 복지서비스 지원에 관한 법률」 제3조 제1호에 따른 정신질환자(화장품제조업만 해당. 다만, 전문의가 화장품제조업자로서 적합하다고 인정하는 사람은 제외)
2. 피성년후견인 또는 파산선고를 받고 복권되지 아니한 자
3. 「마약류 관리에 관한 법률」 제2조 제1호에 따른 마약류의 중독자(화장품제조업만 해당)
4. 「화장품법」 또는 「보건범죄 단속에 관한 특별조치법」을 위반하여 금고 이상의 형을 선고받고 그 집행이 끝나지 아니하거나 그 집행을 받지 아니하기로 확정되지 아니한 자
5. 등록이 취소되거나 영업소가 폐쇄된 날부터 1년이 지나지 아니한 자

3.
정답 ⑤

안전성 정보의 신속 보고

화장품책임판매업자 및 맞춤형화장품판매업자는

1. 중대한 유해사례 또는 이와 관련하여 식품의약품안전처장이 보고를 지시한 경우
2. 판매중지나 회수에 준하는 외국정부의 조치 또는 이와 관련하여 식품의약품안전처장이 보고를 지시한 경우

그 정보를 알게 된 날로부터 15일 이내에 식품의약품안전처장에게 신속히 보고하여야 한다.

4.
정답 ④

개인정보를 이전하려는 자(영업양도자 등)는 과실 없이 서면 등의 방법으로 정보주체에게 알릴 수 없는 경우에는 해당 사항을 인터넷 홈페이지에 30일 이상 게재하여야 한다.

5.
정답 ③

과태료 100만원 부과기준

- 기능성화장품 변경심사를 받지 않은 경우
- 보고 명령을 위반하여 보고를 하지 않은 경우
- 맞춤형화장품 조제관리사 또는 이와 유사한 명칭을 사용한 경우
- 동물실험을 실시한 화장품 또는 동물실험을 실시한 화장품 원료를 사용하여 제조(위탁제조 포함) 또는 수입한 화장품을 유통·판매한 경우

6.
정답 ⑤

맞춤형화장품판매업자가 시설기준을 갖추지 않게 된 경우

- 1차 위반: 시정명령
- 2차 위반: 판매업무정지 1개월
- 3차 위반: 판매업무정지 3개월

7.
정답 ②

영상정보처리기기 운영자는 영상정보처리기기의 설치·운영에 관한 사무를 위탁할 수 있다.

8.
정답 ①

화장품 색소의 종류 중 레이크는 타르 색소의 나트륨, 칼륨, 알루미늄, 바륨, 칼슘, 스트론튬 또는 지르코늄염(염이 아닌 것은 염으로 하여)을 기질에 확산시켜서 만든 레이크로 한다.

9.
정답 ②

탈염·탈색제와 염모제(산화염모제와 비산화염모제) 제품에는 "이 제품에 첨가제로 함유된 프로필렌글리콜에 의하여 알레르기를 일으킬 수 있으므로 이 성분에 과민하거나 알레르기 반응을 보였던 적이 있는 분은 사용 전에 의사 또는 약사와 상의하여 주십시오"라는 주의사항을 표기해야 한다.

10.
정답 ③

유성 성분을 제품 내 배합 시 항산화 기능을 가지는 성분인 비타민 E(토코페롤)를 같이 배합한다.

11. 정답 ⑤

퍼머넌트웨이브는 제1제 환원제로 이황화결합(disulfide bond, −S−S−)을 끊어준 다음, 산화제로 재결합시켜서 두발의 웨이브를 만들어준다. 다시 말하면 산화·환원 반응을 통해 두발에 웨이브를 준다.

12. 정답 ④

제모제(치오글라이콜릭애씨드 함유 제품)는 모가 깨끗이 제거되지 않은 경우 2~3일의 간격을 두고 사용한다.

13. 정답 ②

ㄷ. 장기보존시험은 화장품의 저장조건에서 사용기한을 설정하기 위하여 장기간에 걸쳐 물리·화학적, 미생물학적 안정성 및 용기 적합성을 확인하는 시험으로 6개월 이상 시험하는 것을 원칙으로 하나, 화장품 특성에 따라 따로 정할 수 있다.

ㅁ. 가속시험의 보존조건은 유통 경로나 제형 특성에 따라 적절한 시험조건을 설정하여야 하며, 일반적으로 장기보존시험의 지정저장온도보다 15℃ 이상 높은 온도에서 시험한다.

ㅂ. 개봉 후 안정성 시험은 화장품 사용 시에 일어날 수 있는 오염 등을 고려한 사용기한을 설정하기 위하여 장기간에 걸쳐 물리·화학적, 미생물학적 안정성 및 용기 적합성을 확인하는 시험을 말한다.

14. 정답 ③

성분명을 기재·표시하여야 하는 알레르기 유발성분은 유제놀, 리모넨, 벤질알코올, 참나무이끼추출물이다. 황금추출물은 [별표 2]에 따른 알레르기 유발성분 25종에 해당하지 않는다.

15. 정답 ③

ㄴ. 사용한 정제수 용기의 물을 재사용하거나 장기간 보존한 정제수를 사용해서는 안 된다.

ㄷ. 정제수의 품질관리용 검체 채취구는 아래를 향하도록 설치하여 배수가 용이하도록 해야 하며, 오염 방지를 위해 밀폐 관리해야 한다.

ㅂ. 폴리올(다가알코올)은 극성인 하이드록시(−OH)를 2개 이상 가지고 있어 물과 결합이 가능하여 보습제로 사용한다.

16. 정답 ⑤

위치하젤 성분은 피부진정, 수렴효과, 항염효과가 있으므로 녹차추출물로 대체할 수 있다.

17. 정답 ④

화장품 사용 시의 주의사항 중 공통사항

- 화장품 사용 시 또는 사용 후 직사광선에 의하여 사용부위가 붉은 반점, 부어오름 또는 가려움증 등의 이상 증상이나 부작용이 있는 경우 전문의 등과 상담할 것
- 상처가 있는 부위 등에는 사용을 자제할 것
- 보관 및 취급 시의 주의사항
  - 어린이의 손이 닿지 않는 곳에 보관할 것
  - 직사광선을 피해서 보관할 것

18. 정답 ④

- 천연화장품은 중량 기준으로 천연 함량이 전체 제품에서 95% 이상으로 구성되어야 한다.
- 유기농화장품은 중량 기준으로 유기농 함량이 전체 제품에서 10% 이상이어야 하며, 유기농 함량을 포함한 천연 함량이 전체 제품에서 95% 이상으로 구성되어야 한다.
- 화장품의 책임판매업자는 천연화장품 또는 유기농화장품으로 표시·광고하여 제조, 수입 및 판매할 경우 이 고시에 적합함을 입증하는 자료를 구비하고, 제조일(수입일 경우 통관일)로부터 3년 또는 사용기한 경과 후 1년 중 긴 기간 동안 보존하여야 한다.

19. 정답 ②

- 빈칸에 들어갈 원료는 카올린이다. 카올린은 무기안료로 광물에서 추출한다. 체질안료로 사용되며 벌킹제로 사용되고 제품의 사용성, 퍼짐성, 부착성, 흡수성, 광택 등을 조성하는 데 사용되는 무채색의 안료이다.
- 백색안료는 피복력이 주된 목적이며 티타늄디옥사이드, 징크옥사이드가 있다. 티타늄디옥사이드는 굴절률이 높고 입자경이 작기 때문에 백색도, 착색력이 우수하다.

20. 정답 ③

천연 원료에서 석유화학 용제를 이용하여 추출할 수 있으며, 석유화학 용제의 사용 시 반드시 최종적으로 모두 회수되거나 제거되어야 한다. 그러나 방향족, 알콕실레이트화, 할로겐화, 니트로젠 또는 황(DMSO 예외) 유래 용제는 사용이 불가하다.

21. 정답 ②

메칠 2－옥티노에이트 성분은 사용한도 0.01%로, 착향제의 구성 성분 중 해당 성분의 명칭을 기재·표시하여야 하는 알레르기 유발 성분이다.

① 메칠헵타디에논 사용한도: 0.002%
③ 3－메칠논－2－엔니트릴 사용한도: 0.2%
④ p－메칠하이드로신나믹알데하이드 사용한도: 0.2%
⑤ 메톡시디시클로펜타디엔카르복스알데하이드 사용한도: 0.5%

22. 정답 ①

화장품의 포장에 함량을 기재·표시해야 하는 경우

- 성분명을 제품 명칭의 일부로 사용한 경우 그 성분명과 함량(방향용 제품 제외)
- 인체 세포·조직 배양액이 들어있는 경우 그 함량
- 화장품에 천연 또는 유기농으로 표시·광고하려는 경우에는 원료의 함량
- 만 3세 이하의 영유아용 제품류인 경우, 만 4세 이상부터 만 13세 이하까지의 어린이가 사용할 수 있는 제품임을 특정하여 표시·광고하려는 경우에는 사용기준이 지정·고시된 원료 중 보존제의 함량

23. 정답 ②

<보기>의 시험조건을 만족하는 시험은 가속시험뿐이다. 가속시험은 일반적으로 장기보존시험의 지정저장온도보다 15℃ 이상 높은 온도에서 시험한다.

24. 정답 ④

에탄올: 화장품에는 변성 에탄올을 주로 사용하며 에탄올의 배합량이 높아지면 살균·소독 작용이 높아진다.

25. 정답 ④

메탄올은 화장품 제조에 사용할 수 없는 원료이며, 에탄올 및 이소프로필알코올의 변성제로서만 알코올 중 5%까지 사용할 수 있다.

26. 정답 ④

- 맞춤형화장품 조제관리사를 두지 아니하고 판매한 맞춤형화장품: 다 등급, 회수기간 30일
- 병원미생물에 오염된 화장품: 다 등급, 회수기간 30일
- 화장품의 제조 등에 사용할 수 없는 원료를 사용한 화장품: 가 등급, 회수기간 15일
- 안전용기·포장기준에 위반되는 화장품: 나 등급, 회수기간 30일

→ 따라서 30＋30＋15＋30＝105

27. 정답 ①

② 보존제: 미생물의 번식을 방지하는 데 쓰이는 물질
③ 보습제: 피부 수분의 유지를 위해 사용되는 물질
④ 용해 보조제: 난용성 물질을 용매에 녹이는 데 사용되는 물질
⑤ 동결 방지제: 저온에서 어는 것을 억제하는 데 사용되는 물질

28. 정답 ①

린스정량 방법

- HPLC법(고성능 액체 크로마토그래피): 린스액의 최적 정량방법
- TLC법(박층 크로마토그래피)에 의한 간편 정량: 잔존물의 유무를 판정 시 사용하는 방법
- TOC측정법: TOC측정기로 린스액 중의 총유기탄소를 측정하는 방법
- UV로 확인하는 방법

① HACCP법은 식품안전관리인증기준(Hazard Analysis and Critical Control Point)의 약어이다.

29. 정답 ③

완제품의 보관용 검체는 적절한 보관조건 하에 지정된 구역 내에서 개봉 후 사용기간을 기재하는 경우에는 제조일로부터 3년간 보관하여야 한다.

30. 정답 ④

ㄱ. 유지관리 작업이 제품의 품질에 영향을 주어서는 안 된다.
ㅁ. 결함 발생 및 정비 중인 설비는 적절한 방법으로 표시하고, 고장 등 사용이 불가할 경우 표시하여야 한다.

31. 정답 ③

ㄴ, ㄷ, ㅁ, ㅅ 총 4개가 구조 조건과 관리기준이 적합하다. 나머지 ㄱ, ㄹ, ㅂ을 올바르게 수정하면 다음과 같다.

	해당 작업실	구조 조건	관리기준
ㄱ	포장실	Pre－filter, 온도조절	갱의, 포장재의 외부 청소 후 반입

ㄹ	관리품보관소	환기(온도조절)	
ㅂ	미생물시험실	Pre－filter, Med－filter (필요 시 HEPA－filter)	낙하균 30개/hr 또는 부유균 200개/m^3

32. (정답) ③

유통화장품의 안전관리 기준 중 특정 세균(대장균, 녹농균, 황색포도상구균)이 불검출되어야 한다. 대장균 시험은 유당액체배지, 맥콘키한천배지, 에오신메칠렌블루한천배지를 사용하여 시험한다.

33. (정답) ①

원료와 포장재가 재포장될 경우 기존 용기와 동일하게 표시하여야 한다.

34. (정답) ①

제품의 입고, 보관, 출하의 일련의 흐름은 [포장 공정 → 시험 중 라벨 부착 → 임시 보관 → 제품시험 합격 → 합격라벨 부착 → 보관 → 출하] 순서대로 진행한다.

35. (정답) ③

식품의약품안전처장은 우수화장품 제조 및 품질관리기준 적합판정을 받은 업소에 대해 실시상황평가표에 따라 3년에 1회 이상 실태조사를 실시하여야 한다.

36. (정답) ④

재작업은 변질·변패 또는 병원미생물에 오염되지 아니하고 사용기한이 1년 이상 남아있는 경우에 할 수 있다.

37. (정답) ⑤

ㄱ. 인체첩포시험은 인체사용시험이다.
ㄴ. 인체첩포시험은 독성시험법 중 하나이다.
ㄹ. 인체적용시험은 해당 화장품의 효과 및 안전성을 확인하기 위하여 실시한다.
ㅁ. 인체적용시험은 화장품의 표시·광고 내용을 증명할 목적으로 하는 연구이다.

38. (정답) ②

영유아 또는 어린이의 연령 기준은 영유아는 만 3세 이하, 어린이는 만 4세 이상부터 만 13세 이하까지를 말한다.

39. (정답) ④

안전용기·포장은 성인이 개봉하기는 어렵지 아니하나 만 5세 미만의 어린이가 개봉하기는 어렵게 된 것이어야 한다. 개봉하기 어려운 정도의 구체적인 기준 및 시험방법은 산업통상자원부장관이 정하여 고시(어린이보호포장대상공산품의 안전기준)하는 바에 따른다.

40. (정답) ③

① 제조공정 중 오염을 방지하는 등 위생관리를 위한 제조위생관리 기준서를 작성하고 이에 따라야 한다.
② 인체 세포·조직 배양액을 제조하는 데 필요한 세포·조직은 채취 혹은 보존에 필요한 위생상의 관리가 가능한 의료기관에서 채취된 것만을 사용한다.
④ "윈도우 피리어드(window period)"란 감염 초기에 세균, 진균, 바이러스 및 그 항원·항체·유전자 등을 검출할 수 없는 기간을 말한다.
⑤ 화장품책임판매업자는 세포·조직의 채취, 검사, 배양액 제조 등을 실시한 기관에 대하여 안전하고 품질이 균일한 인체 세포·조직 배양액이 제조될 수 있도록 관리·감독을 철저히 해야 한다.

41. (정답) ④

가혹시험은 개별 화장품의 취약성, 예상되는 운반, 보관, 진열 및 사용 과정에서 뜻하지 않게 일어날 가능성 있는 가혹한 조건에서 품질 변화를 검토하기 위해 수행한다.

42. (정답) ③

ㄴ. 단위제품으로서의 바디워시, 포장공간비율 15% 이하, 포장횟수 2차 이내
ㅁ. 종합제품으로서의 클렌징폼, 포장공간비율 25% 이하, 포장횟수 2차 이내

43. (정답) ③

① 외부 감사는 수탁업체나 공급자와 같은 회사 외부의 피감사 대상 부서나 조직에 대한 감사를 말한다.
② 제품 감사는 무작위로 추출한 검체를 통한 생산 설비의 가동이나 제조 공정의 품질에 대한 평가를 말한다.
④ 사전 감사는 계약 체결 전, 잠재적 공급업체나 수탁업체에 대한 감사를 말한다.
⑤ 시스템 감사는 제품의 생산 및 유통에 이용되는 시스템의 유효성에 대한 종합적인 평가를 말한다.

44.

정답 ⑤

「우수화장품 제조 및 품질관리기준(CGMP)」 제15조(기준서 등) 제1항

제조 및 품질관리의 적합성을 보장하는 기본 요건들을 충족하고 있음을 보증하기 위하여 제품표준서, 제조관리기준서, 품질관리기준서 및 제조위생관리기준서를 작성하고 보관하여야 한다.

45.

정답 ②

세제는 설비 내벽에 남기 쉽고, 잔존한 세척제는 제품에 악영향을 미치기 때문에 증기 세척을 권장한다.

46.

정답 ①

원자재의 입고 시 구매요구서, 원자재 공급업체 성적서 및 현품이 서로 일치하여야 한다. 필요한 경우 운송 관련 자료를 추가적으로 확인할 수 있다. 원자재 용기에 제조번호가 없는 경우에는 관리번호를 부여하여 보관하여야 한다. 원자재 입고절차 중 육안확인 시 물품에 결함이 있을 경우 입고를 보류하고 격리보관 및 폐기하거나 원자재 공급업자에게 반송하여야 한다.

47.

정답 ①

제조번호별로 시험 기록을 작성·유지하여야 한다.

48.

정답 ④

	화장품	검출 허용 한도	판정
ㄱ	납 30㎍/g 검출된 네일폴리시	점토분말제품 이외의 제품은 20㎍/g 이하	부적합
ㄴ	니켈 25㎍/g 검출된 립스틱	색조 화장용 30㎍/g 이하	적합
ㄷ	비소 15㎍/g 검출된 샴푸	10㎍/g 이하	부적합
ㄹ	안티몬 10㎍/g 검출된 마스카라	10㎍/g 이하	적합
ㅁ	카드뮴 5㎍/g 검출된 셰이빙 크림	5㎍/g 이하	적합
ㅂ	수은 5㎍/g 검출된 리퀴드 파운데이션	1㎍/g 이하	부적합
ㅅ	디옥산 1,000㎍/g 검출된 아이섀도	100㎍/g 이하	부적합
ㅇ	메탄올 0.1(v/v)% 검출된 폼 클렌저	0.2(v/v)% 이하	적합
ㅈ	포름알데하이드 3,000㎍/g 검출된 향수	2000㎍/g 이하	부적합
ㅊ	프탈레이트류 1,000㎍/g 검출된 헤어 틴트	총 합으로서 100㎍/g 이하	부적합

49.

정답 ④

pH의 기준

영·유아용 제품류(영·유아용 샴푸, 영·유아용 린스, 영·유아 인체 세정용 제품, 영·유아 목욕용 제품 제외), 눈 화장용 제품류, 색조 화장용 제품류, 두발용 제품류(샴푸, 린스 제외), 면도용 제품류(셰이빙 크림, 셰이빙 폼 제외), 기초화장용 제품류(클렌징 워터, 클렌징 오일, 클렌징 로션, 클렌징 크림 등 메이크업 리무버 제품 제외) 중 액, 로션, 크림 및 이와 유사한 제형의 액상제품은 pH 기준이 3.0~9.0이어야 한다. 다만, 물을 포함하지 않는 제품과 사용한 후 곧바로 물로 씻어 내는 제품은 제외한다.

50.

정답 ②

점성은 면의 넓이 및 그 면에 대하여 수직 방향의 속도구배에 비례한다. 그 비례정수를 절대 점도라 하고 일정온도에 대하여 그 액체의 고유한 정수이다. 그 단위로서는 포아스 또는 센티포아스를 쓴다. 절대점도를 같은 온도의 그 액체의 밀도로 나눈 값을 운동점도라고 말하고 그 단위로는 스톡스 또는 센티스톡스를 쓴다.

51.

정답 ①

고형 타입의 핸드 워시는 주로 알칼리성을 나타낸다.

52.

정답 ②

ㄱ. 메탄올 0.001% 함유하고 포름알데하이드 20㎍/g 함유한 물휴지
→ 물휴지의 메탄올 한도: 0.002%(v/v) 이하 ∴ 적합
→ 물휴지의 포름알데하이드 한도: 20㎍/g 이하
∴ 적합

ㄴ. 수은 함량의 계산=[(0.5㎍/g*4)+(2㎍/g*6)]/10=수은 1.4㎍/g 함유한 로션
→ 로션의 수은 한도: 1㎍/g 이하 ∴ 부적합

ㄷ. 안티몬 함량의 계산=(11㎍/g+7㎍/g)/2=안티몬 9㎍/g 함유한 로션
→ 로션의 안티몬 한도: 10㎍/g 이하 ∴ 적합

ㄹ. 니켈 함량의 계산=[(35㎍/g*2)+(28㎍/g*3)]/5=니켈 30.8㎍/g 함유한 립스틱

→ 색조 화장용 제품의 니켈 한도: 30㎍/g 이하
∴ 부적합

ㅁ. 납 함량의 계산=(23㎍/g+15㎍/g)/2=납 19㎍/g 함유한 크림
→ 크림의 납 한도: 20㎍/g 이하 ∴ 적합

ㅂ. 프탈레이트류의 계산=부틸벤질프탈레이트+디에칠헥실프탈레이트=31㎍/g+73㎍/g=프탈레이트류 104㎍/g 함유한 파운데이션
→ 파운데이션의 프탈레이트류 한도: 총 합으로서 100㎍/g 이하 ∴ 부적합

53. 정답 ⑤

표피의 최상단에는 약 20%의 수분을 함유하는 각질층이 위치하고 있으며 최하단에는 약 70%의 수분을 함유하는 기저층이 위치하고 있다.

54. 정답 ③

모간부는 바깥에서부터 모표피와 모피질, 모수질 순서로 이루어져 있다.

55. 정답 ②

화장품의 관능평가에 사용되는 표준품

제품 표준견본, 벌크제품 표준견본, 라벨 부착 위치견본, 충진 위치견본, 색소원료 표준견본, 원료 표준견본, 향료 표준견본, 용기·포장재 표준견본, 용기·포장재 한도견본

56. 정답 ⑤

① 인체에 좋은 향을 부여할 목적으로 사용하며 원치 않은 냄새를 향수로 마스킹(masking)하는 역할을 한다.
② 성상에 따라 액상, 고체상, 방향 파우더 등이 있으며 일반적으로 액상의 유형을 가진다.
③ 향료를 알코올에 용해시켜 만든 액체 화장품 중 하나이다.
④ 착향제의 함유량이 높은 순서에 따라 퍼퓸, 오드퍼퓸, 오드뚜왈렛, 오드코롱, 샤워코롱으로 분류한다.

57. 정답 ④

자외선A차단지수의 계산방법

각 피험자의 자외선 A차단지수(PFAi) =

$$\frac{\text{제품 도포부위의 최소지속형 즉시 흑화량(MPPDp)}}{\text{제품 무도포부위의 최소지속형 즉시 흑화량(MPPDu)}}$$

자외선A 차단지수(PFA)	자외선A 차단등급(PA)	자외선A 차단효과
2 이상 4 미만	PA+	낮음
4 이상 8 미만	PA++	보통
8 이상 16 미만	PA+++	높음
16 이상	PA++++	매우 높음

58. 정답 ①

② 카트리지필름을 이용한 측정방법: 유분량 측정
③ 포토트리코그램을 이용한 측정방법: 모주기 측정
④ 헤모글로빈 수치를 이용한 측정방법: 민감도 측정
⑤ 피부에 음압을 가한 후 복원 정도를 측정하는 방법: 탄력도 측정

59. 정답 ③

화장비누에만 사용할 수 있는 색소

피그먼트 적색 5호, 피그먼트 자색 23호, 피그먼트 녹색 7호

60. 정답 ④

피로갈롤은 염모제에서 용법·용량에 따른 혼합물의 염모성분으로서 2.0% 이하로 사용할 수 있으며, 기타제품에는 사용을 금지하는 성분이다.

61. 정답 ①

티로시나아제는 멜라닌의 생성을 조절하는 산화 효소로, 피부의 미백에 관여하는 효소이다.

62. 정답 ②

ㄴ. 노화 피부는 수분 유지능력과 탄력이 저하되어 피부가 늘어지고 주름이 발생하는 피부로, 피지 분비능력도 함께 저하되어 쉽게 건조함을 느낀다.
ㄹ. 여드름 피부는 사춘기 이후 남성호르몬인 테스토스테론의 분비에 의한 피지 분비량 증가가 원인이며 피지선이 발달되어 있는 얼굴, 가슴, 등, 목에 주로 발생한다.
ㅁ. 민감성 피부는 내·외부 요인에 의해 쉽게 붉어지는 피부로 수분이 부족하여 쉽게 건조함을 느낀다.
ㅅ. 색소침착 피부는 멜라노사이트에서 만들어진 멜라닌색소가 과도하게 침착하여 발생하며 형태에 따라 기미, 주근깨, 검버섯, 잡티 등으로 나뉜다.

ㅇ. 지성 피부는 얼굴이 전체적으로 번들거리고 모공이 넓은 피부로 여드름 피부로 악화될 가능성이 가장 높은 피부이다.

63. 정답 ③

콜라겐 증가, 감소 또는 활성화에 관한 표시·광고 표현은 기능성화장품에서 해당 기능을 실증한 자료를 제출해야 한다.

64. 정답 ②

인산염은 pH조절제로 사용된다. 산화방지제에는 토코페롤, 토코페릴 아세테이트, 아스코르빈산, BHA, BHT 등이 있다.

65. 정답 ②

모모세포는 모유두를 덮고 있는 세포로 모발을 만들어내는 세포이다. 멜라닌세포는 모발의 색을 결정짓는 색소를 생성 및 저장하는 세포로, 모모세포층에 주로 분포한다.

66. 정답 ③

① 나이아신아마이드: 피부의 미백에 도움을 주는 성분, 함량 2～5%
② 치오글리콜산(80%): 체모를 제거하는 기능을 가진 성분, 함량 3.0～4.5%
④ 폴리에톡실레이티드레틴아마이드: 피부의 주름개선에 도움을 주는 성분, 함량 0.05～0.2%
⑤ 4-메칠벤질리덴캠퍼: 자외선 차단제 성분, 함량 4%

67. 정답 ④

① Sebum Meter(유분량 측정기)
소듐하이알루로네이트 함유 제품(수분 공급)
② pH Meter(pH 측정기)
아데노신 함유 제품(주름 개선)
③ Corneometer(수분량 측정기)
징크피리치온 함유 제품(탈모 증상 완화)
⑤ Magnifying Glass(확대경)
살리실릭애씨드 함유 제품(여드름성 피부 완화)

68. 정답 ①

화장품의 변질 확인사항

- 물리적 변화: 분리, 응집, 침전, 점도 등
- 화학적 변화: 변색, 변취, pH변화, 활성성분의 역가변화 등

69. 정답 ③

탈염(脫染)·탈색(脫色)을 포함한 모발의 색상을 변화시키는 기능을 가진 화장품을 기능성화장품이라고 한다. 다만, 일시적으로 모발의 색상을 변화시키는 제품은 제외한다.

70. 정답 ②

코뿔소 뿔 또는 호랑이 뼈와 그 추출물을 사용한 화장품을 판매하거나 판매할 목적으로 제조·수입·보관 또는 진열한 자: 3년 이하의 징역 또는 3천만원 이하의 벌금

71. 정답 ③

ㄱ. 유기농화장품은 유기농 원료, 동식물 및 그 유래 원료 등을 함유한 화장품으로서 식품의약품안전처장이 정하는 기준에 맞는 화장품을 말한다.
ㄹ. 인증의 유효기간을 연장받으려는 경우에는 유효기간 만료 90일 전까지 그 인증을 한 인증기관에 식품의약품안전처장이 정하여 고시하는 서류를 갖추어 제출해야 한다.
ㅂ. 합성원료는 천연화장품 및 유기농화장품의 제조에 사용할 수 없다. 다만, 천연화장품 또는 유기농화장품의 품질 또는 안전을 위해 필요하나 따로 자연에서 대체하기 곤란한 기타 [별표 3] 및 [별표 4]에서 정하는 원료(합성 보존제 및 변성제 등)는 5% 이내에서 사용할 수 있다.

72. 정답 ⑤

비타민 E

비타민 E는 지용성 비타민으로 항산화 물질이다. 노화피부에 주로 사용하며, 기타성분으로 20%으로까지 사용할 수 있다. 화장품책임판매업자는 비타민 E 성분을 0.5% 이상 함유하는 제품의 경우 안정성시험 자료를 최종 제조된 제품의 사용기한이 만료되는 날부터 1년간 보존해야 한다.

73. 정답 ③

ㄴ. 외국의 자료는 한글요약문(주요사항 발췌) 및 원문을 제출할 수 있어야 한다.
ㄷ. 인체 적용시험은 헬싱키 선언에 근거한 윤리적 원칙에 따라 수행되어야 한다.

74. 정답 ①

② 암모니아: 6%
③ 톨루엔(손·발톱용 제품에만): 25%
④ RH(또는 SH) 올리고펩타이드-1: 0.001%
⑤ 실버나이트레이트(속눈썹 및 눈썹 착색용도의 제품에만): 4%

75. 정답 ⑤

A는 부적합이고 B, C는 적합한 제품의 품질성적서이다. A 제품(마스카라)은 안티몬이 검출허용 한도(10μg/g 이하)를 초과하였다.

76. 정답 ①

- 정제수: 제품 A 40%+제품 B 60%=(89*0.4)+(90*0.6)=35.6+54=89.6%
- 세라마이드: 제품 A 40%=8*0.4=3.2%
- 참깨오일: 제품 A 40%=3*0.4=1.2%
- 글리세린: 제품 B 60%=6*0.6=3.6%
- 석류추출물: 제품 B 60%=4*0.6=2.4%

→ 정제수(89.6%), 글리세린(3.6%), 세라마이드(3.2%), 석류추출물(2.4%), 참깨오일(1.2%)

77. 정답 ②

손·발의 피부연화 제품(우레아를 포함하는 핸드크림 및 풋크림) 주의사항

- 눈, 코 또는 입 등에 닿지 않도록 주의하여 사용할 것
- 프로필렌 글리콜(Propylene glycol)을 함유하고 있으므로 이 성분에 과민하거나 알레르기 병력이 있는 사람은 신중히 사용할 것(프로필렌 글리콜 함유제품만 표시한다)

78. 정답 ③

<보기>에 해당하는 1차 포장 또는 2차 포장에는 화장품의 명칭, 화장품책임판매업자 또는 맞춤형화장품판매업자의 상호, 가격, 제조번호와 사용기한 또는 개봉 후 사용기간(개봉 후 사용기간을 기재할 경우에는 제조연월일을 병행 표기하여야 한다)만을 기재·표시할 수 있다. 다만, 판매의 목적이 아닌 제품의 선택 등을 위하여 미리 소비자가 시험·사용하도록 제조 또는 수입된 화장품의 포장의 경우 가격이란 견본품이나 비매품 등의 표시를 말한다.

79. 정답 ①

맞춤형화장품 조제에 사용하고 남은 내용물 또는 원료는 밀폐가 되는 용기에 담는 등 비의도적인 오염을 방지할 것

80. 정답 ④

맞춤형화장품 조제관리사는 맞춤형화장품판매업소에 종사한 날부터 6개월 이내에 교육을 받아야 한다. 다만, 자격시험에 합격한 날이 종사한 날 이전 1년 이내이면 최초 교육을 받은 것으로 본다.

단답형

81. 정답 ㉠ 표준통관예정, ㉡ 수입관리기록서

- 수입된 화장품을 유통·판매하는 영업으로 화장품책임판매업을 등록한 자의 경우 「대외무역법」에 따른 수출·수입요령을 준수하여야 하며, 「전자무역 촉진에 관한 법률」에 따른 전자무역문서로 표준통관예정보고를 하여야 한다.
- 수입한 화장품에 대하여 수입관리기록서를 작성·보관하여야 한다.

82. 정답 ㉠ 제품표준서, ㉡ 품질관리기록서, ㉢ 품질성적서

- 화장품제조업자는 제조관리기준서, 제품표준서, 제조관리기록서, 품질관리기록서를 작성·보관하여야 한다.
- 화장품책임판매업자는 제조업자로부터 받은 제품표준서 및 품질관리기록서(전자문서 형식을 포함한다)를 보관하여야 한다.
- 맞춤형화장품판매업자는 혼합·소분 전에 혼합·소분에 사용되는 내용물 또는 원료에 대한 품질성적서를 확인해야 한다.

83. 정답 개수

「화장품법」 제22조(개수명령)

식품의약품안전처장은 화장품제조업자가 갖추고 있는 시설이 시설기준에 적합하지 아니하거나 노후 또는 오손되어 있어 그 시설로 화장품을 제조하면 화장품의 안전과 품질에 문제의 우려가 있다고 인정되는 경우에는 화장품제조업자에게 그 시설의 개수를 명하거나 그 개수가 끝날 때까지 해당 시설의 전부 또는 일부의 사용금지를 명할 수 있다.

위반 내용	1차 위반	2차 위반	3차 위반	4차 이상 위반
작업소, 보관소 또는 시험실 중 어느 하나가 없는 경우	개수 명령	제조 업무 정지 1개월	제조 업무 정지 2개월	제조 업무 정지 4개월
해당 품목의 제조 또는 품질검사에 필요한 시설 및 기구 중 일부가 없는 경우	개수 명령	해당 품목 제조 업무 정지 1개월	해당 품목 제조 업무 정지 2개월	해당 품목 제조 업무 정지 4개월

84. 정답 ㉠ 벌크, ㉡ 재작업

「우수화장품 제조 및 품질관리기준」 제2조(용어의 정의)

- 벌크 제품이란 충전(1차포장) 이전의 제조 단계까지 끝낸 제품을 말한다.
- 재작업이란 적합 판정기준을 벗어난 완제품, 벌크제품 또는 반제품을 재처리하여 품질이 적합한 범위에 들어오도록 하는 작업을 말한다.

85. 정답 ㉠ 유리알칼리, ㉡ 0.1%

유통화장품 중 화장비누에 한하여 유리알칼리 0.1% 이하로 안전관리 기준에 추가적으로 적합하여야 한다.

86. 정답 ㉠ 향료, ㉡ 알레르기

화장품 제조에 사용된 성분 중 착향제는 "향료"로 표시할 수 있다. 다만, 착향제의 구성성분 중 식품의약품안전처장이 정하여 고시한 알레르기 유발 성분이 있는 경우에는 향료로 표시할 수 없고, 해당 성분의 명칭을 기재·표시해야 한다.

87. 정답 ㉠ 5, ㉡ 1

「화장품법 시행규칙」 [별표 4] 화장품 포장의 표시기준 및 표시방법

화장품 제조에 사용된 성분을 표시하는 방법 중 일부는 다음과 같다.

- 글자의 크기는 5포인트 이상으로 한다.
- 화장품 제조에 사용된 함량이 많은 것부터 기재·표시한다. 다만, 1퍼센트 이하로 사용된 성분, 착향제 또는 착색제는 순서에 상관없이 기재·표시할 수 있다.

88. 정답 ㉠ 미셀, ㉡ 임계미셀농도

미셀이란 계면활성제의 농도가 증가하면서 계면활성제의 소수성 부분끼리 서로 모이며 형성된 집합체를 말한다. 미셀이 형성되기 시작하는 농도를 임계미셀농도(CMC, Critical Micelle Concentration)라 한다.

89. 정답 ㉠ 10, ㉡ 25

「제품의 포장재질·포장방법에 관한 기준 등에 관한 규칙」 제10조(포장용기의 재사용)

- 화장품 중 색조화장품(화장·분장)류: 100분의 10
- 두발용 화장품 중 샴푸·린스류: 100분의 25

90. 정답 ㉠ 최소홍반량, ㉡ 최소지속형즉시흑화량

- 최소홍반량은 UVB를 사람의 피부에 조사한 후 16~24시간의 범위 내에, 조사영역의 전 영역에 홍반을 나타낼 수 있는 최소한의 자외선 조사량을 말한다.
- 최소지속형즉시흑화량은 UVA를 사람의 피부에 조사한 후 2~24시간의 범위 내에, 조사영역의 전 영역에 희미한 흑화가 인식되는 최소 자외선 조사량을 말한다.
- 자외선차단지수(SPF)는 UVB를 차단하는 제품의 차단효과를 나타내는 지수로서 자외선차단제품을 도포하여 얻은 최소홍반량을 자외선차단제품을 도포하지 않고 얻은 최소홍반량으로 나눈 값이다.
- 자외선A차단지수(PFA)는 UVA를 차단하는 제품의 차단효과를 나타내는 지수로 자외선A차단제품을 도포하여 얻은 최소지속형즉시흑화량을 자외선A차단제품을 도포하지 않고 얻은 최소지속형즉시흑화량으로 나눈 값이다.

91. 정답 체모의 제거

치오글리콜산

- 체모를 제거하는 기능을 가진 기능성화장품의 성분으로 효능·효과는 "제모(체모의 제거)"이다.
- 용법·용량은 "사용 전 제모할 부위를 씻고 건조시킨 후 이 제품을 제모할 부위의 털이 완전히 덮이도록 충분히 바른다. 문지르지 말고 5~10분간 그대로 두었다가 일부분을 손가락으로 문질러 보아 털이 쉽게 제거되면 젖은 수건[(제품에 따라서는) 또는 동봉된 부직포 등]으로 닦아내거나 물로 씻어낸다. 면도한 부위의 짧고 거친 털을 완전히 제거하기 위해서는 한 번 이상(수일 간격) 사용하는 것이 좋다"로 제한한다.
- 제모제에의 사용 함량은 치오글리콜산으로서 3.0~4.5%이며, pH 범위는 7.0 이상 12.7 미만이어야 한다.

92. 정답 인체누적첩포시험자료

기능성화장품의 심사를 위하여 제출하여야 하는 안전성에 관한 자료 중 인체누적첩포시험자료는 인체적용시험자료에서 피부이상반응 발생 등 안전성 문제가 우려된다고 판단되는 경우에 한하여 제출해야 한다.

93. 정답 ㉠ 15, ㉡ 화장품책임판매업자

화장품바코드 표시대상품목은 국내에서 제조되거나 수입되어 국내에 유통되는 모든 화장품(기능성화장품 포함)을 대상으로 한다. 다만, 내용량이 15밀리리터 이하 또는 15그램 이하인 제품의 용기 또는 포장이나 견본품, 시공품 등 비매품에 대하여는 화장품바코드 표시를 생략할 수 있다. 화장품바코드 표시는 국내에서 화장품을 유통·판매하고자 하는 화장품책임판매업자가 한다.

94. 정답 ㉠ 20, ㉡ 10

- 자외선차단지수(SPF)의 95% 신뢰구간은 자외선차단지수(SPF)의 ±20% 이내이어야 한다.
- 자외선차단지수(SPF) 10 이하 제품의 경우에는 자외선차단지수(SPF), 내수성자외선차단지수(SPF, 내수성 또는 지속내수성) 및 자외선A차단등급(PA) 설정의 근거자료의 자료 제출을 면제한다.

95. 정답 ㉠ 3세, ㉡ 기저귀

부틸파라벤, 프로필파라벤, 이소부틸파라벤 또는 이소프로필파라벤 함유 제품

- 영·유아용 제품류 및 기초화장용 제품류(만 3세 이하 영유아가 사용하는 제품) 중 사용 후 씻어내지 않는 제품에 한함
- 만 3세 이하 영유아의 기저귀가 닿는 부위에는 사용하지 말 것

96. 정답 소르비톨

- 2가 알코올: 1,3 부틸렌글라이콜, 프로필렌글라이콜
- 3가 알코올: 글리세린
- 6가 알코올: 소르비톨

97. 정답 ㉠ 광독성, ㉡ 광감작성

- 광독성이란 빛에 의한 독성 반응성을 말한다.
- 광감작성이란 빛에 의한 면역계 반응성을 말한다.

98. 정답 ㉠ 700, ㉡ 부적합

해당 제품의 총호기성생균수는 세균수+진균수=450+250=700개이다. 눈화장용 제품류의 총호기성생균수의 미생물 한도는 500개/g(mL) 이하이므로 부적합이다.

99. 정답 ㉠ 방향용, ㉡ 원료

화장품법 제10조 제1항 제10호에 따라 화장품의 포장에 기재·표시하여야 하는 사항은 다음과 같다.

- 성분명을 제품 명칭의 일부로 사용한 경우 그 성분명과 함량(방향용 제품은 제외한다)
- 인체 세포·조직 배양액이 들어있는 경우 그 함량
- 화장품에 천연 또는 유기농으로 표시·광고하려는 경우에는 원료의 함량

100. 정답 ㉠ 멜라닌, ㉡ 케라티노사이트(각질형성세포)

표피의 기저층에는 멜라노사이트(멜라닌형성세포)와 케라티노사이트(각질형성세포)가 있다. 멜라노사이트는 멜라닌이라는 색소를 생성하여 세포 내의 멜라노좀이라는 소포에 축적한다. 케라티노사이트는 각질세포를 만들어 각질층으로 올려보낸다.

맞춤형화장품 조제관리사 모의고사 OMR답안지

응시일	년 월 일
고사장	

수험번호

0 1 2 3 4 5 6 7 8 9	0 1 2 3 4 5 6 7 8 9	0 1 2 3 4 5 6 7 8 9	0 1 2 3 4 5 6 7 8 9	0 1 2 3 4 5 6 7 8 9	0 1 2 3 4 5 6 7 8 9	0 1 2 3 4 5 6 7 8 9	0 1 2 3 4 5 6 7 8 9

생년월일

0 1 2 3 4 5 6 7 8 9	0 1 2 3 4 5 6 7 8 9	0 1 2 3 4 5 6 7 8 9	0 1 2 3 4 5 6 7 8 9	0 1 2 3 4 5 6 7 8 9	0 1 2 3 4 5 6 7 8 9	필수기재사항 모두표기요망

선다형 답란								단답형 답란	
1	① ② ③ ④ ⑤	21	① ② ③ ④ ⑤	41	① ② ③ ④ ⑤	61	① ② ③ ④ ⑤	81	
2	① ② ③ ④ ⑤	22	① ② ③ ④ ⑤	42	① ② ③ ④ ⑤	62	① ② ③ ④ ⑤	82	
3	① ② ③ ④ ⑤	23	① ② ③ ④ ⑤	43	① ② ③ ④ ⑤	63	① ② ③ ④ ⑤	83	
4	① ② ③ ④ ⑤	24	① ② ③ ④ ⑤	44	① ② ③ ④ ⑤	64	① ② ③ ④ ⑤	84	
5	① ② ③ ④ ⑤	25	① ② ③ ④ ⑤	45	① ② ③ ④ ⑤	65	① ② ③ ④ ⑤	85	
6	① ② ③ ④ ⑤	26	① ② ③ ④ ⑤	46	① ② ③ ④ ⑤	66	① ② ③ ④ ⑤	86	
7	① ② ③ ④ ⑤	27	① ② ③ ④ ⑤	47	① ② ③ ④ ⑤	67	① ② ③ ④ ⑤	87	
8	① ② ③ ④ ⑤	28	① ② ③ ④ ⑤	48	① ② ③ ④ ⑤	68	① ② ③ ④ ⑤	88	
9	① ② ③ ④ ⑤	29	① ② ③ ④ ⑤	49	① ② ③ ④ ⑤	69	① ② ③ ④ ⑤	89	
10	① ② ③ ④ ⑤	30	① ② ③ ④ ⑤	50	① ② ③ ④ ⑤	70	① ② ③ ④ ⑤	90	
11	① ② ③ ④ ⑤	31	① ② ③ ④ ⑤	51	① ② ③ ④ ⑤	71	① ② ③ ④ ⑤	91	
12	① ② ③ ④ ⑤	32	① ② ③ ④ ⑤	52	① ② ③ ④ ⑤	72	① ② ③ ④ ⑤	92	
13	① ② ③ ④ ⑤	33	① ② ③ ④ ⑤	53	① ② ③ ④ ⑤	73	① ② ③ ④ ⑤	93	
14	① ② ③ ④ ⑤	34	① ② ③ ④ ⑤	54	① ② ③ ④ ⑤	74	① ② ③ ④ ⑤	94	
15	① ② ③ ④ ⑤	35	① ② ③ ④ ⑤	55	① ② ③ ④ ⑤	75	① ② ③ ④ ⑤	95	
16	① ② ③ ④ ⑤	36	① ② ③ ④ ⑤	56	① ② ③ ④ ⑤	76	① ② ③ ④ ⑤	96	
17	① ② ③ ④ ⑤	37	① ② ③ ④ ⑤	57	① ② ③ ④ ⑤	77	① ② ③ ④ ⑤	97	
18	① ② ③ ④ ⑤	38	① ② ③ ④ ⑤	58	① ② ③ ④ ⑤	78	① ② ③ ④ ⑤	98	
19	① ② ③ ④ ⑤	39	① ② ③ ④ ⑤	59	① ② ③ ④ ⑤	79	① ② ③ ④ ⑤	99	
20	① ② ③ ④ ⑤	40	① ② ③ ④ ⑤	60	① ② ③ ④ ⑤	80	① ② ③ ④ ⑤	100	

맞춤형화장품 조제관리사 모의고사 OMR답안지

응시일	년 월 일
고사장	

수험번호

0	0	0	0	0	0	0	0
1	1	1	1	1	1	1	1
2	2	2	2	2	2	2	2
3	3	3	3	3	3	3	3
4	4	4	4	4	4	4	4
5	5	5	5	5	5	5	5
6	6	6	6	6	6	6	6
7	7	7	7	7	7	7	7
8	8	8	8	8	8	8	8
9	9	9	9	9	9	9	9

생년월일

0	0	0	0	0	0	필수기재사항	모두표기요망
1	1	1	1	1	1		
2	2	2	2	2	2		
3	3	3	3	3	3		
4	4	4	4	4	4		
5	5	5	5	5	5		
6	6	6	6	6	6		
7	7	7	7	7	7		
8	8	8	8	8	8		
9	9	9	9	9	9		

선다형 답란								단답형 답란	
1	① ② ③ ④ ⑤	21	① ② ③ ④ ⑤	41	① ② ③ ④ ⑤	61	① ② ③ ④ ⑤	81	
2	① ② ③ ④ ⑤	22	① ② ③ ④ ⑤	42	① ② ③ ④ ⑤	62	① ② ③ ④ ⑤	82	
3	① ② ③ ④ ⑤	23	① ② ③ ④ ⑤	43	① ② ③ ④ ⑤	63	① ② ③ ④ ⑤	83	
4	① ② ③ ④ ⑤	24	① ② ③ ④ ⑤	44	① ② ③ ④ ⑤	64	① ② ③ ④ ⑤	84	
5	① ② ③ ④ ⑤	25	① ② ③ ④ ⑤	45	① ② ③ ④ ⑤	65	① ② ③ ④ ⑤	85	
6	① ② ③ ④ ⑤	26	① ② ③ ④ ⑤	46	① ② ③ ④ ⑤	66	① ② ③ ④ ⑤	86	
7	① ② ③ ④ ⑤	27	① ② ③ ④ ⑤	47	① ② ③ ④ ⑤	67	① ② ③ ④ ⑤	87	
8	① ② ③ ④ ⑤	28	① ② ③ ④ ⑤	48	① ② ③ ④ ⑤	68	① ② ③ ④ ⑤	88	
9	① ② ③ ④ ⑤	29	① ② ③ ④ ⑤	49	① ② ③ ④ ⑤	69	① ② ③ ④ ⑤	89	
10	① ② ③ ④ ⑤	30	① ② ③ ④ ⑤	50	① ② ③ ④ ⑤	70	① ② ③ ④ ⑤	90	
11	① ② ③ ④ ⑤	31	① ② ③ ④ ⑤	51	① ② ③ ④ ⑤	71	① ② ③ ④ ⑤	91	
12	① ② ③ ④ ⑤	32	① ② ③ ④ ⑤	52	① ② ③ ④ ⑤	72	① ② ③ ④ ⑤	92	
13	① ② ③ ④ ⑤	33	① ② ③ ④ ⑤	53	① ② ③ ④ ⑤	73	① ② ③ ④ ⑤	93	
14	① ② ③ ④ ⑤	34	① ② ③ ④ ⑤	54	① ② ③ ④ ⑤	74	① ② ③ ④ ⑤	94	
15	① ② ③ ④ ⑤	35	① ② ③ ④ ⑤	55	① ② ③ ④ ⑤	75	① ② ③ ④ ⑤	95	
16	① ② ③ ④ ⑤	36	① ② ③ ④ ⑤	56	① ② ③ ④ ⑤	76	① ② ③ ④ ⑤	96	
17	① ② ③ ④ ⑤	37	① ② ③ ④ ⑤	57	① ② ③ ④ ⑤	77	① ② ③ ④ ⑤	97	
18	① ② ③ ④ ⑤	38	① ② ③ ④ ⑤	58	① ② ③ ④ ⑤	78	① ② ③ ④ ⑤	98	
19	① ② ③ ④ ⑤	39	① ② ③ ④ ⑤	59	① ② ③ ④ ⑤	79	① ② ③ ④ ⑤	99	
20	① ② ③ ④ ⑤	40	① ② ③ ④ ⑤	60	① ② ③ ④ ⑤	80	① ② ③ ④ ⑤	100	

맞춤형화장품 조제관리사 모의고사 OMR답안지

응시일	년 월 일
고사장	

수험번호

0 1 2 3 4 5 6 7 8 9	0 1 2 3 4 5 6 7 8 9	0 1 2 3 4 5 6 7 8 9	0 1 2 3 4 5 6 7 8 9	0 1 2 3 4 5 6 7 8 9	0 1 2 3 4 5 6 7 8 9	0 1 2 3 4 5 6 7 8 9	0 1 2 3 4 5 6 7 8 9

생년월일

0 1 2 3 4 5 6 7 8 9	0 1 2 3 4 5 6 7 8 9	0 1 2 3 4 5 6 7 8 9	0 1 2 3 4 5 6 7 8 9	0 1 2 3 4 5 6 7 8 9	0 1 2 3 4 5 6 7 8 9	필수기재사항 모두표기요망

선다형 답란								단답형 답란	
1	1 2 3 4 5	21	1 2 3 4 5	41	1 2 3 4 5	61	1 2 3 4 5	81	
2	1 2 3 4 5	22	1 2 3 4 5	42	1 2 3 4 5	62	1 2 3 4 5	82	
3	1 2 3 4 5	23	1 2 3 4 5	43	1 2 3 4 5	63	1 2 3 4 5	83	
4	1 2 3 4 5	24	1 2 3 4 5	44	1 2 3 4 5	64	1 2 3 4 5	84	
5	1 2 3 4 5	25	1 2 3 4 5	45	1 2 3 4 5	65	1 2 3 4 5	85	
6	1 2 3 4 5	26	1 2 3 4 5	46	1 2 3 4 5	66	1 2 3 4 5	86	
7	1 2 3 4 5	27	1 2 3 4 5	47	1 2 3 4 5	67	1 2 3 4 5	87	
8	1 2 3 4 5	28	1 2 3 4 5	48	1 2 3 4 5	68	1 2 3 4 5	88	
9	1 2 3 4 5	29	1 2 3 4 5	49	1 2 3 4 5	69	1 2 3 4 5	89	
10	1 2 3 4 5	30	1 2 3 4 5	50	1 2 3 4 5	70	1 2 3 4 5	90	
11	1 2 3 4 5	31	1 2 3 4 5	51	1 2 3 4 5	71	1 2 3 4 5	91	
12	1 2 3 4 5	32	1 2 3 4 5	52	1 2 3 4 5	72	1 2 3 4 5	92	
13	1 2 3 4 5	33	1 2 3 4 5	53	1 2 3 4 5	73	1 2 3 4 5	93	
14	1 2 3 4 5	34	1 2 3 4 5	54	1 2 3 4 5	74	1 2 3 4 5	94	
15	1 2 3 4 5	35	1 2 3 4 5	55	1 2 3 4 5	75	1 2 3 4 5	95	
16	1 2 3 4 5	36	1 2 3 4 5	56	1 2 3 4 5	76	1 2 3 4 5	96	
17	1 2 3 4 5	37	1 2 3 4 5	57	1 2 3 4 5	77	1 2 3 4 5	97	
18	1 2 3 4 5	38	1 2 3 4 5	58	1 2 3 4 5	78	1 2 3 4 5	98	
19	1 2 3 4 5	39	1 2 3 4 5	59	1 2 3 4 5	79	1 2 3 4 5	99	
20	1 2 3 4 5	40	1 2 3 4 5	60	1 2 3 4 5	80	1 2 3 4 5	100	

맞춤형화장품 조제관리사 모의고사 OMR답안지

응시일	년 월 일
고사장	

수험번호							
0	0	0	0	0	0	0	0
1	1	1	1	1	1	1	1
2	2	2	2	2	2	2	2
3	3	3	3	3	3	3	3
4	4	4	4	4	4	4	4
5	5	5	5	5	5	5	5
6	6	6	6	6	6	6	6
7	7	7	7	7	7	7	7
8	8	8	8	8	8	8	8
9	9	9	9	9	9	9	9

생년월일							
0	0	0	0	0	0	필수기재사항	모두표기요망
1	1	1	1	1	1		
2	2	2	2	2	2		
3	3	3	3	3	3		
4	4	4	4	4	4		
5	5	5	5	5	5		
6	6	6	6	6	6		
7	7	7	7	7	7		
8	8	8	8	8	8		
9	9	9	9	9	9		

선다형 답란								단답형 답란	
1	① ② ③ ④ ⑤	21	① ② ③ ④ ⑤	41	① ② ③ ④ ⑤	61	① ② ③ ④ ⑤	81	
2	① ② ③ ④ ⑤	22	① ② ③ ④ ⑤	42	① ② ③ ④ ⑤	62	① ② ③ ④ ⑤	82	
3	① ② ③ ④ ⑤	23	① ② ③ ④ ⑤	43	① ② ③ ④ ⑤	63	① ② ③ ④ ⑤	83	
4	① ② ③ ④ ⑤	24	① ② ③ ④ ⑤	44	① ② ③ ④ ⑤	64	① ② ③ ④ ⑤	84	
5	① ② ③ ④ ⑤	25	① ② ③ ④ ⑤	45	① ② ③ ④ ⑤	65	① ② ③ ④ ⑤	85	
6	① ② ③ ④ ⑤	26	① ② ③ ④ ⑤	46	① ② ③ ④ ⑤	66	① ② ③ ④ ⑤	86	
7	① ② ③ ④ ⑤	27	① ② ③ ④ ⑤	47	① ② ③ ④ ⑤	67	① ② ③ ④ ⑤	87	
8	① ② ③ ④ ⑤	28	① ② ③ ④ ⑤	48	① ② ③ ④ ⑤	68	① ② ③ ④ ⑤	88	
9	① ② ③ ④ ⑤	29	① ② ③ ④ ⑤	49	① ② ③ ④ ⑤	69	① ② ③ ④ ⑤	89	
10	① ② ③ ④ ⑤	30	① ② ③ ④ ⑤	50	① ② ③ ④ ⑤	70	① ② ③ ④ ⑤	90	
11	① ② ③ ④ ⑤	31	① ② ③ ④ ⑤	51	① ② ③ ④ ⑤	71	① ② ③ ④ ⑤	91	
12	① ② ③ ④ ⑤	32	① ② ③ ④ ⑤	52	① ② ③ ④ ⑤	72	① ② ③ ④ ⑤	92	
13	① ② ③ ④ ⑤	33	① ② ③ ④ ⑤	53	① ② ③ ④ ⑤	73	① ② ③ ④ ⑤	93	
14	① ② ③ ④ ⑤	34	① ② ③ ④ ⑤	54	① ② ③ ④ ⑤	74	① ② ③ ④ ⑤	94	
15	① ② ③ ④ ⑤	35	① ② ③ ④ ⑤	55	① ② ③ ④ ⑤	75	① ② ③ ④ ⑤	95	
16	① ② ③ ④ ⑤	36	① ② ③ ④ ⑤	56	① ② ③ ④ ⑤	76	① ② ③ ④ ⑤	96	
17	① ② ③ ④ ⑤	37	① ② ③ ④ ⑤	57	① ② ③ ④ ⑤	77	① ② ③ ④ ⑤	97	
18	① ② ③ ④ ⑤	38	① ② ③ ④ ⑤	58	① ② ③ ④ ⑤	78	① ② ③ ④ ⑤	98	
19	① ② ③ ④ ⑤	39	① ② ③ ④ ⑤	59	① ② ③ ④ ⑤	79	① ② ③ ④ ⑤	99	
20	① ② ③ ④ ⑤	40	① ② ③ ④ ⑤	60	① ② ③ ④ ⑤	80	① ② ③ ④ ⑤	100	

M 맞춤형화장품 조제관리사 봉투모의고사

온라인 강의 PY러닝메이트 www.pylearningmate.com
고객만족센터 02-6416-8100

초판발행 2023년 1월 5일

지은이 권미선
펴낸이 안종만 · 안상준

편 집 김민경
기획/마케팅 김민경
표지디자인 이수빈
제 작 고철민 · 조영환

펴낸곳 (주) 박영사
서울특별시 금천구 가산디지털2로 53, 210호(가산동, 한라시그마밸리)
등록 1959. 3. 11. 제300-1959-1호(倫)
전 화 02)733-6771
f a x 02)736-4818
e-mail pys@pybook.co.kr
homepage www.pybook.co.kr
ISBN 979-11-303-1582-9 13590

정 가 17,000원